明天也來份
三明治吧！

進藤由美子
Cooking Studio Y Cookbook

Introduction

／ 三明治與我 ／

我非常喜歡三明治！

因為寒冷的天氣導致身體不太想動的時候，
就來做點熱壓三明治吧！
最近總覺得有點疲憊，
那麼就用分量十足的三明治來提振精神吧！
辦派對聚會時多出來的烤牛肉，
也可以用來製作豪華的三明治！
即便到了現在，我還是會想特地留下一些可樂餅，
然後把它們做成小學生時代經常吃的可樂餅三明治。
「明天，讓我們也來份三明治吧！」

雖然從零開始製作一份講究的三明治也是很棒的事情，
不過運用冰箱裡就有的食材、食品儲藏間保存的東西、
或是前一晚的剩餘餐點，也能製作出相當美味的一餐。
這一點也是三明治的魅力之處呢。

很不擅長做三明治，實在不知道到底該放些什麼才好。
雖然我也曾聽到周遭的人們這麼說過，
不過我很希望大家在製作料理時，不要過於拘謹，
可以用更自由的方式，享受組合出自我風格三明治的樂趣。
我就是憑藉這樣的心情，完成了這本書。

如果這可以成為讓各位的三明治生活能更加富有樂趣的指
引，我將會感到無比的榮幸。

Contents

Lesson 1

再次斟滿葡萄酒吧，
佐酒小點 &
豪華三明治

來吧，首先就搭配這樣的三明治來品嚐
一杯葡萄酒，您覺得如何呢？這是能在
假日的午後時光和葡萄酒或啤酒一同享
用，端上桌之後會讓大家齊聲驚呼「哇！
真是豪華啊！」、為了愛好美酒的你所
獻上的三明治。

製作方法請見20頁

再次斟滿葡萄酒吧

a

牛排三明治

「簡單但是豪華、
擁有主菜的滿足感。
可依喜好調整火候！」

b

洋梨與芒果
開放式三明治

「用季節水果和生火腿，
妝點出色彩繽紛的前菜」

c

酪梨奶油三明治

「優格檸檬奶油搭配酪梨，
吃得更健康」

d

鱈魚子奶油三明治

「將蒔蘿摻入酸奶油之中，
營造出溫和的味覺感受」

鮮蝦與酪梨開放式三明治

「檸檬酸奶油將這對知名搭檔的韻味帶往更高的層次」

製作方法請見 21 頁

再次斟滿葡萄酒吧

無花果與果乾、堅果
開放式三明治

「享用完主餐之後，想再小酌一下時就獻上這一款！」

製作方法請見 21 頁

和風烤鴨肉與白髮蔥三明治

「前一天的配菜變身為三明治。和風醬料也和麵包很相襯」

製作方法請見 22 頁

法式鄉村肉醬開放式三明治

「只要在果乾麵包上依序擺放市售的鄉村肉醬和蔬菜，即可完成」

製作方法請見 22 頁

再次斟滿葡萄酒吧

波隆那香腸與蔬菜絲堡

「和啤酒絕配！摻入紫蘇的蔬菜絲是重點所在」

製作方法請見 23 頁

再次斟滿葡萄酒吧

鹽漬牛肉與炒高麗菜吐司

「星期日早晨的經典品項。孩子們也很喜愛的吐司小點」

製作方法請見 23 頁

a 牛排三明治

材料（分量依喜好而定）
推薦的麵包：芝麻英式吐司
牛排用牛腿肉
西洋菜
顆粒芥末醬
美乃滋

準備
將牛肉恢復至常溫，兩面均勻撒上鹽和黑胡椒，用偏強的中火將兩面都煎出焦色。之後用鋁箔紙包起來，靜置15～20分鐘。

組合方式
1. 將麵包烤好、等餘熱散去後，在內側那面塗上顆粒芥末醬和美乃滋。
2. 在一片1上放上撕成小片的西洋菜，再擺上牛肉，然後蓋上另一片吐司夾起來。用雙手輕輕地從上方下壓，再用砧板等物品壓著10分鐘左右等待入味後，即可分切。

b 洋梨與芒果開放式三明治

材料（分量依喜好而定）
推薦的麵包：長棍麵包
無鹽奶油（常溫狀態）
芒果
洋梨（法蘭西梨）
生火腿
李子乾
細葉芝麻菜
食用花材

組合方式
1. 將長棍麵包斜切成薄片，塗上無鹽奶油。
2. 將芒果和洋梨削皮，果肉切成薄片。
3. 在1的上面放上2和生火腿。最後用李子乾（喜歡的果乾皆可）、細葉芝麻菜、食用花材裝飾。

c,d 鱈魚子奶油三明治 & 酪梨奶油三明治

材料（分量依喜好而定）
推薦的麵包：全穀粉吐司（Graham flour，8片切）
無鹽奶油（常溫狀態）
鱈魚子奶油（容易製作的分量）
  ┌ 鱈魚子…1副
  │ 酸奶油　2大匙
  └ 蒔蘿…少許
酪梨奶油（容易製作的分量）
  ┌ 酪梨…1個
  │ 水切優格（44頁）…2大匙
  └ 檸檬汁…1小匙
檸檬皮
新鮮的百里香

準備
將鱈魚子的薄皮去除，放入調理碗中。加入酸奶油、切碎的蒔蘿，均勻打成鮮奶油狀。酪梨去除皮和種子，用濾網將果肉磨成泥並放入調理碗。加入水切優格、檸檬汁，均勻打成鮮奶油狀。

組合方式
1. 在吐司上塗上厚厚一層的薄鹽奶油後，各自再塗抹鱈魚子奶油、酪梨奶油，然後蓋上另一片吐司夾起來。
2. 用保鮮膜確實包好，放進冰箱冷藏、靜置10分鐘左右，即可分切。
3. 撒上刨屑的檸檬皮，最後用新鮮的百里香裝飾。

鮮蝦與酪梨開放式三明治

材料（分量依喜好而定）

推薦的麵包：玉米麵包

蝦仁（小）

酪梨

蘑菇

法式芥末醬

美乃滋

檸檬酸奶油（容易製作的分量）
- 酸奶油　2 大匙
- 蜂蜜　1 小匙
- 檸檬汁　1 小匙
- 檸檬皮（刨屑）　適量

羊萵苣

橄欖

檸檬皮

準備

將蝦仁水煮後冷卻（也可以使用前一天製作沙拉或前菜時剩下的食材）。酪梨去除皮和種子，切成薄片，蘑菇也切成薄片。將法式芥末醬和美乃滋用 1：2 的比例混合，製作成法式芥末美乃滋。混合檸檬酸奶油的材料，並充分攪拌均勻。

組合方式

1. 將麵包切成 3 片，最下面那片塗上檸檬酸奶油，再放上酪梨。
2. 蓋上第二片麵包，塗上檸檬酸奶油，再放上蘑菇、羊萵苣、蝦仁，接著塗上法式芥末美乃滋後再蓋上第三片麵包，稍微壓實。
3. 用串上橄欖的三明治籤固定好，不要讓整體外觀崩塌。最後撒上刨屑的檸檬皮。

無花果與果乾、堅果開放式三明治

材料（分量依喜好而定）

推薦的麵包：黑芝麻麵包

奶油起司

糖漬無花果（罐裝）

巨峰葡萄乾、綠葡萄乾、無花果乾等喜歡的果乾

杏仁、榛果等喜歡的堅果

糖漬橙皮（45 頁）

檸檬皮

蜂蜜

Memo

使用生無花果製作時，可嘗試用馬斯卡彭起司代替奶油起司，兩者相當搭配。

組合方式

1. 在麵包上塗上厚厚一層的奶油起司。
2. 放上無花果、果乾、堅果、糖漬橙皮加以妝點，再撒上刨屑的檸檬皮，最後淋上蜂蜜。

和風烤鴨肉與白髮蔥三明治

材料（分量依喜好而定）
推薦的麵包：橄欖形麵包
　（小型的法國麵包）
和風烤鴨肉
長蔥
法式芥末醬
一味唐辛子

組合方式
1. 在麵包的內側那面塗上法式芥末醬。
2. 將切成薄片的和風烤鴨肉排在麵包上。淋上湯汁製成的醬料，再擺上白髮蔥，之後撒上少量的一味唐辛子。最後用細切的蔥管部分裝飾。

材料（4 人份）
合鴨胸肉或腿肉…2 片
湯汁
┌ 柴魚高湯…1 杯
│ 濃口醬油…50ml
└ 味醂…50ml
白髮蔥…1/2 根
七味唐辛子…適量

製作法
1. 在合鴨帶皮的那面用金屬串或是叉子均勻地戳出孔洞。
2. 在鍋子裡混合湯汁的材料，開中火烹煮。沸騰後就關火。
3. 在以中火加熱的平底鍋中放入合鴨肉，帶皮面朝下，用鍋鏟之類的器具輕壓，然後用廚房紙巾等物吸取烹調中產生的油脂，將皮確實煎出焦色。
4. 翻面，將肉的那面也同樣煎出焦色後取出，浸泡在加熱後的 2 裡面，在冷卻之前就這樣持續泡著。※取出適量的湯汁放入其他鍋子加熱，然後加入溶有片栗粉的水，製作成三明治使用的醬料。
5. 等合鴨完全冷卻後，切成薄片、淋上湯汁，之後擺上白髮蔥、撒上七味唐辛子。山葵泥或唐辛子液調味料也很適合。冷藏的情況下，可保存 3～4 日。

法式鄉村肉醬開放式三明治

材料（分量依喜好而定）
推薦的麵包：加入果乾和堅果的全麥麵包
法式鄉村肉醬
綠蘆筍
紫花苜蓿
顆粒芥末醬（有的話可選用顆粒較大的品項）
美乃滋
黑胡椒

準備
將綠蘆筍稍微煮一下，縱切成兩半。混合美乃滋和顆粒芥末醬，再加入黑胡椒，製作成芥末美乃滋。

組合方式
1. 在麵包上依序擺上法式鄉村肉醬、綠蘆筍，再淋上芥末美乃滋。
2. 擺上紫花苜蓿，再淋上顆粒芥末醬。

波隆那香腸與蔬菜絲堡

材料（分量依喜好而定）
推薦的麵包：熱狗麵包
波隆那香腸
高麗菜
紅蘿蔔
紫蘇
法式沙拉醬
顆粒芥末醬
熟白芝麻

準備
將高麗菜、紅蘿蔔、紫蘇切細絲，
然後加入法式沙拉醬稍微拌勻。

組合方式
將熱狗麵包從側面切出開口，塗上
多一點的顆粒芥末醬。將切成薄片
的波隆那香腸和蔬菜絲夾進麵包
中，最後撒上熟白芝麻。

鹽漬牛肉與炒高麗菜吐司

材料（分量依喜好而定）
推薦的麵包：胚芽麵包
無鹽奶油
高麗菜
罐裝鹽漬牛肉
橄欖油
鹽
黑胡椒

準備
將高麗菜切成方便食用的大小，鹽
漬牛肉取出後稍微搗碎。在平底鍋
中放入橄欖油後加熱，將高麗菜快
炒，之後加入鹽漬牛肉和黑胡椒調
味。

組合方式
在烤好的麵包上塗上無鹽奶油，再
擺上炒好的鹽漬牛肉高麗菜，最後
撒上研磨的黑胡椒。

Memo

這款三明治是孩子們還小的時候，
經常在假日的早餐時間吃的經典品
項。製作上很簡單，也能當成佐酒
的小點心。

再次斟滿葡萄酒吧

Lesson 2

別具特色的
卓越美味！
讓你出色地完成
經典三明治的秘訣

在眾所皆知、大家都很熟悉的經典款三
明治上加點巧思。本單元將介紹把簡單
的三明治做得更美味的關鍵，以及變化
出極品風味的訣竅。只要咬下一口，應
該就會讓你覺得「啊！和以前吃過的不
一樣呢」。

8 個關鍵要點

1

確實除去食材的水氣

食材（特別是蔬菜）可以用廚房紙巾等用具盡可能地吸取水氣。因為番茄的種子也會釋出水分，所以如果沒有要馬上食用的話就要取出種子，然後包進廚房紙巾裡面吸收水氣後再使用。

2

奶油要在常溫下軟化

因為較硬的奶油很難塗抹，所以務必要先置於常溫環境讓它軟化。如果有急用的話，可用小功率的微波爐加熱數十秒。如果能將奶油盡可能塗滿整面麵包，三明治就會變得更加美味。

3

將食材貼合的「漿糊」

請在麵包和食材之間，還有食材與食材之間抹上少量的美乃滋、起司或黃芥末醬吧。除了有增添風味的功效之外，同時還能肩負類似漿糊的職責，讓食材不會在吃的時候滑出來，讓大家更能輕鬆享用。

4

將食材處理成方便食用的大小

請評估方便一口食用的大小以及配置在麵包上的樣子，再來切或是撕開食材。如果是要在四方形的麵包上搭配圓片火腿，對半切開之後再對齊邊緣就會很美觀。蔬菜的場合，切成薄片或者是細絲就很便於製作三明治。

經典款三明治

5

葉菜的使用也下點巧思

萵苣等葉菜類，與其直接夾進一整片，建議切一下或捲起來再擺上去。這裡的範例是捲起來均等地排列，可以讓食材不會輕易移位，吃起來更加方便。

6

均等地平坦排列

夾入的食材量不要過多，大概是不要超出麵包體邊緣的程度。整體均等地、平坦地排列是竅門所在。照片範例有在食材之間加入少量美乃滋，再進行堆疊。

7

夾起來後一定要靜置

稍微加一點重量，放在冰箱冷藏靜置 20～30 分鐘，讓整體入味（如果麵包沒有烘烤的話，可用保鮮膜包起來）。根據食材差異，也可用手掌心輕壓 30 秒左右。奶油類的品項放入冰箱冷凍 20～30 分鐘，會變得比較好分切。

8

分切時要迅速果斷！

食材入味後，就使用能切得乾淨漂亮的麵包刀進行分切。將手指分別放在刀身的兩側並輕壓，這時請先擺上刀子後再將手指靠過去會比較安全。每切一次之後就請先用廚房紙巾將刀子擦拭乾淨。

從分切後到品嚐前

分切後的三明治，會從切口部分開始乾燥，之後就會整片變得乾巴巴的。如果是不會馬上食用的場合，建議可用保鮮膜寬鬆地包覆、以新鮮的萵苣蓋住、用沾過水但盡可能擰出水分的乾淨廚房紙巾包住等，留意表面的溼度維持。

蔬菜火腿三明治

「完完全全就是經典款中的基本型。
運用身邊就有的材料，
掌握無論是誰都一定能做得美味的秘訣！」

材料（分量依喜好而定）

推薦的麵包：吐司（8片切）

豬腿肉火腿

萵苣

番茄

紫洋蔥

小黃瓜

無鹽奶油

顆粒芥末醬

美乃滋

準備

將無鹽奶油置於常溫環境，讓它軟化。萵苣用手撕開、番茄和紫洋蔥切成圓片，小黃瓜斜切成薄片，或用刨刀縱向刨出薄片。將蔬菜擺在廚房紙巾上，再蓋上另一張廚房紙巾，靜置2～3分鐘，吸取水分。

組合方式

1. 在麵包的內側那面塗上薄薄一層的無鹽奶油，再塗上顆粒芥末醬。

2. 放上火腿，接著依序均等地擺上捲起的萵苣、番茄、紫洋蔥、小黃瓜。這個階段，要在每樣食材之間塗上少量的美乃滋。

3. 再放上火腿，蓋上麵包，用雙手從上方輕壓30秒左右。

4. 用保鮮膜確實包好，施加一點重量，靜置10分鐘左右。

5. 拆開保鮮膜，將手指置於刀身的兩側輕壓，進行分切。

經典款三明治

材料（分量依喜好而定）

推薦的麵包：吐司（8 片切）

培根

紅葉萵苣

番茄

法式芥末醬

美乃滋

準備

將麵包烤好。培根煎到酥脆，然後
用廚房紙巾吸取多餘的油脂。萵苣
用手撕開、番茄切成圓片，接著擺
在廚房紙巾上吸收多餘的水氣。

組合方式

1. 等麵包餘熱散去後，在內側那
面塗上法式芥末醬。

2. 依循 P27 的要領將捲起的萵苣
均等地擺上去，接著邊塗抹少量的
美乃滋、邊疊上番茄和培根，最後
再蓋上一層萵苣。

3. 蓋上另一片麵包後，用雙手輕
壓一下，然後用蠟紙包起來，靜置
入味。

4. 靜置一段時間後將三明治取
出，將手指置於刀身的兩側輕壓，
進行分切。

Memo

讓食材入味時，用保鮮膜包覆會產
生濕氣，破壞好不容易營造出的口
感，所以如果是製作吐司類三明治
的場合，請使用蠟紙。

BLT 三明治

「把培根、萵苣、番茄
夾進熱騰騰麵包裡的 BLT。
酥脆的口感是精髓所在」

雞蛋三明治

「用雞蛋美乃滋＋羅勒醬料營造時尚感。
番茄醬、伍斯特醬
顆粒芥末醬也很合適！」

材料（分量依喜好而定）
推薦的麵包：圓麵包
雞蛋美乃滋（容易製作的分量）
- 雞蛋…2 個
- 美乃滋…1 大匙
- 鹽…少許
粗磨黑胡椒
羅勒醬料…1 小匙

準備

在鍋子裡放水煮至沸騰，將預先從冰箱取出的雞蛋放進去煮 7 分鐘，然後關火靜置 2 分鐘待餘熱散去，接著浸入冷水中降溫，再將蛋殼剝除。把蛋白和蛋黃分開，各自細切後再混合，然後加入美乃滋和鹽調味。

組合方式

1. 將圓麵包橫向對半切開，放上適量的雞蛋美乃滋。

2. 撒上黑胡椒，淋上羅勒醬料，最後把另一片麵包蓋上。

Memo

只要將水煮蛋硬度不同的蛋白和蛋黃分開後細切，就能出色地完成這個品項。美乃滋過多的話會容易膩口，請適量使用。

材料（分量依喜好而定）
推薦的麵包：奶油麵包卷
鮪魚美乃滋（容易製作的分量）
  ┌ 水煮鮪魚（小）⋯1 罐（70g）
  ├ 蒔蘿⋯1 枝
  ├ 美乃滋⋯1 大匙
  └ 白胡椒⋯少許
熟白芝麻
皺葉萵苣

準備
將鮪魚的水分盡可能瀝乾後，加入
摻進切碎蒔蘿的美乃滋和白胡椒調
味。

組合方式
1. 將麵包對半切得稍微深一點，
展開切口處，填入鮪魚美乃滋。
2. 撒上熟白芝麻，最後用皺葉萵
苣裝飾。

Memo

盡可能瀝乾鮪魚的水分是一大關
鍵。蒔蘿跟鮪魚相當契合，但也可
以嘗試使用其他喜歡的香草來增添
香氣。

鮪魚三明治

「藉由摻進切碎的蒔蘿，
就能讓鮪魚美乃滋大大升級。
請將它滿滿地填入奶油麵包卷裡面」

炸豬排三明治

「伴手禮中的經典，炸豬排三明治。
萵苣或高麗菜不要夾進去，
而是當成盛盤裝飾，
美味可延續到隔天」

経典款三明治

材料（分量依喜好而定）
推薦的麵包：吐司（12 片切）
炸豬里肌肉
中濃醬料
無鹽奶油（常溫狀態）
和風黃芥末膏
細葉香芹

準備
油炸豬里肌肉，瀝掉油脂後放涼
備用（也可以利用前一天剩下
的）。將麵包烤好。

組合方式
1. 在餘熱散去的麵包的內側那
面塗上薄薄一層的無鹽奶油，再
塗上和風黃芥末膏。
2. 將中濃醬料放入調理碗之類
的容器中，把炸豬里肌肉整塊浸
泡進去，再放到麵包上。
3. 蓋上另一片麵包，用雙手輕
壓，之後放上砧板等器具加重，
靜置 10 分鐘左右，等待入味。
4. 將手指置於刀身的兩側輕
壓，進行分切。最後用細葉香芹
裝飾。

Memo

炸豬里肌肉不是使用剛起鍋的，
而是要完全放涼後再浸入醬料
裡。這樣會讓麵衣不會那麼容易
脫落。

巧克力鮮奶油三明治

「高雅的甜味和麵包的鹹味，能享受多樣化的口味。
奢華又成熟的巧克力三明治」

材料（分量依喜好而定）
推薦的麵包：
　　鹽奶油麵包卷
鮮奶油（乳脂肪45％）
巧克力醬
可可粒
可可粉
巧克力脆片

準備
將裝有鮮奶油的容器浸入冰水中打到7分發左右。加入巧克力醬，然後再打發到起泡、能稍微拉出角的程度，再填入裝有擠花口的擠花袋內。

組合方式
1. 將麵包對半切得深一點但不要切斷，展開切口處，擠入巧克力鮮奶油，再撒上可可粒。
2. 收尾階段用濾篩之類的器具撒上可可粉，最後撒上切碎的巧克力脆片。

花生醬三明治

「超越經典三明治，
進入享用豐富甜味
的甜點境界」

材料（分量依喜好而定）
推薦的麵包：南瓜麵包
花生醬
蜂蜜堅果（容易製作的分量）
┌ 綜合堅果　15g
└ 蜂蜜　2小匙
茴香糖（包裹糖衣的茴香籽）

準備
將麵包稍微烤一下。堅果切成適當的大小，和蜂蜜混合。

組合方式
1. 在餘熱散去的麵包上塗上大量的花生醬。
2. 把蜂蜜堅果放上去，再撒上茴香糖。也可以將喜歡的糖搗碎後使用。

Column ① 讓製作三明治更愉悅的道具

三明治是很日常風的餐點。雖然不需要特別去準備什麼道具，
但還是有某些東西在製作時運用就能提升風味或餐點外觀，讓變化幅度更加寬廣。
這裡就來介紹我經常使用的道具，以及選擇時的提醒。

麵包刀

向不擅長製作三明治的人們確認理由後，經常會聽到的理由之一就是「沒辦法切得很漂亮」。要一口氣切開硬度不同的麵包和食材確實不是一件容易的事情，但是能切得很漂亮的麵包刀能成為我們強力的夥伴。我使用的是新潟・燕三的「GLESTAIN」和福井・越前的「龍泉刃物」出品的麵包刀。無論哪一把的銳利度都讓人感到暢快。當然，正確的切法也是很重要的，請各位務必掌握 P27 提到的要點。

複數尺寸、形狀的砧板

雖然不需要準備麵包專用的砧板，但是如果能備有多個小型砧板，在各種場合的使用上就會很便利。只要有正方形、長方形、稍微細長的類型等就很夠用了。還能在要讓食材靜置入味的時候用來當成加重物。

奶油刀

為了在麵包上盡可能塗滿奶油，希望大家能準備用得順手的奶油刀。因為基本上都是在奶油軟化後才使用，所以木製的抹刀也很不錯。而且還能在不傷及柔軟奶油的情況下塗得很漂亮。

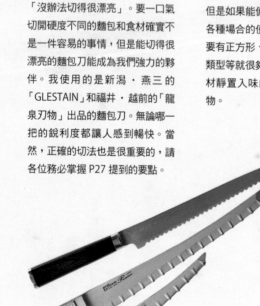

烘焙烤箱

這本書裡頭也介紹了很多用烤好的麵包製作的吐司類三明治。如果能準備一台烘焙烤箱，不但能將開放式三明治用的麵包或漢堡用麵包烘烤得酥酥的，還能在融化起司、製作酥脆培根等場合大顯身手。不過使用平底鍋或電烤盤也是沒問題的。

橡膠刮刀

要使用抹醬類食材的時候,能伸進瓶口的小型橡膠鏟或刮刀就很好用。請至少準備 3 枝,依照奶油、黃芥末醬、美乃滋、果醬等不同種類分開使用,相當方便。

帕尼尼三明治機

藉由電力烘烤熱壓三明治的道具。在想要品嚐義大利的帕尼尼時就是它登場亮相的時刻。雖然也有熱壓三明治烤盤這種用具,但是專用道具也擁有「既然都準備了就來好好運用吧!」這樣的促使效果。在家中就能大口咬下內含黏稠起司的帕尼尼,要不要為了這種幸福感,稍微投資一下呢?

廚房烹飪用具

在收尾時削下帕馬森起司或米莫萊特起司,或者要磨檸檬皮時都很方便的起司刨刀。製作裝飾用奶油時能輕鬆削下漂亮形狀的奶油捲製器。能把小黃瓜、櫻桃蘿蔔、蘑菇等削成薄片的刨削器或刨刀。這些都是讓人很想擁有的道具。

熱壓三明治烤盤

如果你喜愛熱壓三明治的話,這就是手上有一把就能讓人愉悅的道具。把包入食材的麵包夾進鐵板之間,開啟瓦斯爐燒烤兩面,就能完成美味的熱壓三明治。我家有鑄鐵材質的熱壓三明治烤盤,以及已經用了 30 年的巴烏魯熱壓三明治烤盤。因為在戶外活動時也能使用,所以在露營時製作熱壓三明治也是很不錯的選擇喔。

Lesson 3

15 款方便又美味的三明治用常備食材

在這個單元，要向各位介紹醬類、醃泡類、醋漬類等便利的手作常備食材。只要存放在冰箱或食品儲藏間，馬上就能端出美味的一道料理。現在就讓我們立刻來掌握能讓三明治的演出型態更加多元的食譜吧！

製作方法請見40〜41頁

常備用食材

a

奶油鱈魚醬

「活用香草的
鱈魚與馬鈴薯泥醬。
只要放在麵包上就是一道料理」

b

豬肉法式抹醬

「以豬五花肉與辛香類蔬菜
製作的法國鄉土料理。和紅酒也是絕配！」

d

草莓奶油

「在製作時髦的果醬三明治或
手指三明治時相當活躍。
呈現可愛粉紅色的奶油」

e

咖哩奶油

「香醇的咖哩風味，
為運用剩菜製作的三明治變化度做出大貢獻」

f
巴西利奶油
「和雞肉或魚貝類契合度絕佳。
儲備在冰箱內就能讓餐點變幻自在」

c
雙鮭魚法式抹醬
「用無調味鮭魚和煙燻鮭魚
讓味道更加深厚，
與蒔蘿的風味可說是絕配」

a　奶油鱈魚醬

材料（容易製作的分量）

減鹽鱈魚…4 片（約 250 300g）

馬鈴薯（大）
　…1 個（約 180 200g）

洋蔥…1/8 個

蒜頭（小）…2 片

法國香草束
┌ 新鮮的百里香…3 4 枝
└ 普羅旺斯香草…1 小匙

　　┌ 白酒…2 大匙
A │ 牛奶…200ml
　　└ 鹽…略多於 1/2 小匙

無鹽奶油…20g

製作法

1.　將鱈魚放到篩網上，用熱水淋帶皮的那一面。接著進行水洗，再去除皮、骨頭、血合等部分，最後盡可能瀝乾水分。

2.　馬鈴薯削皮，切成 1.5cm 左右的小塊後進行水洗，再放到篩網上。

3.　洋蔥切成薄片。蒜頭用菜刀拍碎，去芽。用紗布之類的用具將法國香草束的材料包起來。

4.　無鹽奶油切成 5mm 左右的小塊，然後隔水冷卻。

5.　在鍋子裡放入 1～3 和 A 的材料，開中火煮至沸騰後再轉弱火，然後蓋上鍋蓋但略微留下空隙，繼續煮 18～20 分鐘。

6.　等到馬鈴薯煮到軟爛的程度，在溫熱的狀態下只把食材撈出來，放入食物攪拌機裡，再加入無鹽奶油攪拌（用搗磨棒之類的器具或叉子來搗碎也是可以的）。視當下的味道來判斷是否要再增加鹽的量。

7.　待餘熱散去後，移到保存容器裡，再放入冰箱冷藏（可保存 1 週左右）。

b　豬肉法式抹醬

材料（容易製作的分量）

豬五花肉…500g

鹽…1 小匙

洋蔥…1/4 個

蒜頭…1 片

白酒…200ml

百里香…1 小匙

鼠尾草…1 小匙

月桂葉…2 片

黑胡椒…1/2 小匙

製作法

1.　將豬五花肉切成適當的大小，撒上鹽後靜置 30 分鐘～1 小時。

2.　將洋蔥、蒜頭切成適當的大小。

3.　瀝乾 1 的水分，將帶油花那面朝下放入平底鍋，煎到染上適度的焦色。滲出的油脂可用廚房紙巾吸掉。

4.　將 3 移到鍋子裡，倒入白酒，然後把 2、百里香、鼠尾草、月桂葉放進去，蓋上鍋蓋後以弱火燉煮 2～3 小時（過程中要適時觀察狀況，水分不足的話就加入水）。

5.　將食材和湯汁分開，湯汁用冰水隔水冷卻使其凝固。肉放入食物調理機，大致攪散。

6.　去除湯汁上凝固的白色油脂（豬油）後，將凍狀的湯汁和肉混合，用冰水隔水冷卻，等待入味。

7.　加入黑胡椒，接著充分攪拌後再倒入 cocotte 之類的器皿中，包上保鮮膜隔絕空氣後冷藏保存（可保存 1 個月）。如果想長期保存的話，將步驟 6 中取出的豬油融化後淋在已裝入器皿的抹醬表層，放入冰箱讓它冷卻凝固後，就會形成宛如蓋子的保護層。

c 雙鮭魚法式抹醬

材料

（直徑 6cm 的 cocotte 約 4 個的量）

無調味鮭魚切片（使用帝王鮭也可以）
　…1 片（約 90 ～ 100g）

煙燻鮭魚…約 90 ～ 100g

洋蔥…1/8 個

蒜頭（大）…1 片

蒔蘿…2 ～ 3 枝

白酒…2 大匙

鮮奶油…200ml

鹽…1/4 小匙

白胡椒…適量

裝飾用蒔蘿…適量

製作法

1. 將無調味鮭魚放上烤網，單面烤 7 ～ 8 分鐘，翻過來再烤 2 ～ 3 分鐘，直到肉質呈現飽滿狀（要注意不要烤過頭），然後去除皮、骨頭、血合等部分。

2. 將煙燻鮭魚切成適當的大小。

3. 洋蔥和蒜頭大致切塊，蒔蘿將葉子的部分大致切細。

4. 在鍋子裡放入洋蔥、蒜頭、白酒、鮮奶油、鹽，開強火煮至沸騰，接著轉弱火煮到量剩下一半後，關火靜置冷卻。

5. 將 1、2、4、蒔蘿、白胡椒放入食物攪拌機之中，攪拌到整體充分混合均勻。

6. 倒入 cocotte 之類的器皿中，用刀子將表面抹平整，放上蒔蘿裝飾，包上保鮮膜後放入冰箱冷藏（可保存 1 週左右）。

---

d 草莓奶油

材料（容易製作的分量）

無鹽奶油（或是發酵奶油）
　…40g

草莓果醬（低糖、無添加）
　…40g

乾燥草莓…3g

白蘭地（或是利口酒）
　…1 小匙

製作法

1. 將無鹽奶油置於常溫環境，使其軟化（如有急用，可隔水加熱）。

2. 將草莓果醬置於常溫環境，乾燥草莓大致切塊。

3. 將無鹽奶油放入調理碗，確實攪拌到呈現膏狀。

4. 加入草莓果醬和白蘭地，再次確實攪拌。

5. 加入乾燥草莓，用橡膠刮刀之類的器具攪拌，再移到保存容器裡，放入冰箱冷藏凝固（可保存 1 ～ 2 週）。

---

e 咖哩奶油

材料（容易製作的分量）

無鹽奶油…100g

岩鹽…1/3 小匙

焙煎咖哩粉…2/3 大匙

薑黃粉…少許

鮮奶油…2 大匙

製作法

1. 以隔水加熱讓無鹽奶油融化。

2. 加入岩鹽、咖哩粉、薑黃粉，充分攪拌均勻。

3. 冷卻後呈現黏稠狀時，加入鮮奶油，將整體充分攪拌到均勻狀態，再倒入 cocotte 之類的器皿中，包上保鮮膜後保存（冷藏約 1 ～ 2 週、冷凍可保存 1 個月）。

---

f 巴西利奶油

材料（容易製作的分量）

有鹽奶油…100g

蒜頭…1/2 片

巴西利葉…10g（3 枝）

製作法

1. 將有鹽奶油置於常溫環境，讓它軟化。蒜頭摘除芽的部分。

2. 將蒜頭和巴西利放入食物攪拌機之中絞碎。接著加入有鹽奶油，將整體充分攪拌到均勻狀態，再倒入 cocotte 之類的器皿中，包上保鮮膜後保存（冷藏約 1 ～ 2 週、冷凍可保存 1 個月）。

e

德國酸菜

「使用微波爐
就能親手簡單完成
和香腸絕配的一品」

b

水切優格

「作為水果三明治的鮮奶油基底。
卡路里低,相當健康!」

g

f

d

油漬番茄

「用低溫烤箱進行輕度乾燥。
浸漬橄欖油讓保存期限更長久」

c

酸奶油

「用鮮奶油與
優格輕鬆製作出
好吃的奶油餡料」

a

白腰豆泥

「散發孜然的香氣,
洋溢異國風味的豆泥」

醃漬紅蘿蔔絲

「藉由喜歡的醋和
香料讓口味自在變化。
和各式各樣的素材都很搭！」

醋漬蔬菜

「用偏好的蔬菜親手製作常備食。
以近似沙拉的感覺，
從旁襯托三明治」

h

醃泡紫高麗菜

「美麗的紫色和酸味，
凸顯出三明治的
風味與色彩」

f

糖漬橙皮

「時髦三明治的
重要妝點素材，
飄盪清爽的柑橘香氣」

製作方法請見44～45頁

常備用食材

a 白腰豆泥

材料（容易製作的分量）
水煮白腰豆
　（罐裝或是冷凍）…300g
鹽…1/4 小匙
煮汁…2 大匙
頂級冷壓初榨橄欖油
　…2 大匙
蒜頭（磨泥）
　…1/4 片的量
孜然粉、卡宴辣椒粉
　…各少許

製作法
1. 將白腰豆放進鍋子裡（罐裝的話也連同裡面的湯汁一起倒入），接著加入高度淹過豆子的水，放鹽後開火，煮到稍微顯得軟爛的程度。
2. 待餘熱散去後，將豆子倒入食物攪拌機，再加入適量的豆子煮汁、橄欖油、蒜頭、孜然粉、卡宴辣椒粉，然後攪拌到呈現泥狀。
3. 冷卻後移到保存容器裡，放入冰箱冷藏（可保存 3～4 日）。

b 水切優格

材料（容易製作的分量）
原味優格…400g

製作法
1. 將篩網疊在調理碗上，鋪上廚房紙巾或紗布，接著將優格倒進去。
2. 放入冰箱冷藏 6 個小時，盡可能瀝乾水分。變成奶油狀後，移到保存容器（冷藏可保存 2～3 日）。

可加入馬斯卡彭起司或煉乳、蜂蜜等，製作成優格奶油使用。

c 酸奶油

材料（容易製作的分量）
鮮奶油（乳脂肪 47%）
　…200ml
原味優格…3～4 大匙

製作法
1. 將鮮奶油和原味優格恢復至常溫，確實混合。
2. 擺在溫暖的場所（電熱毯或地暖系統的地板上）半日～1 日，一段時間便去確認狀況，如果凝固的話就再次攪拌。達到自己喜歡的凝固程度後就放入冰箱冷藏（可保存 1 週左右）。

可加入切碎的平葉巴西利或蒔蘿，和糖漬檸檬皮或糖漬橙皮混合後使用。

d 油漬番茄

材料（容易製作的分量）
小番茄…2 盒
岩鹽…適量
孜然籽…少許
蒜頭（磨泥）
　…約挖耳勺 2 勺的量
頂級冷壓初榨橄欖油
　…適量

製作法
1. 去除小番茄的蒂頭，橫向對半切開，以切口朝上的方式擺在鋪了烤箱用紙的烤盤上，然後撒上岩鹽。
2. 烤箱設定 100℃的低溫，烘烤 2 小時，時間到了就直接擺著靜置冷卻。
3. 將小番茄移入保存容器內，加入蒜頭和橄欖油混合後保存（常溫 10 日左右，冷藏可保存 1 個月）。

e 德國酸菜

材料（容易製作的分量）
高麗菜…1/2 個
鹽…1/2 小匙
醃泡液
┌ 白酒醋…50ml
├ 黍砂糖…2 小匙
├ 鹽…1 小匙
├ 紅辣椒…1 根
└ 月桂葉…1 片

製作法
1. 將高麗菜切絲後放入調理碗中，再撒上鹽，接著用手輕輕搓揉使其軟化。包上保鮮膜，放入微波爐（600W）加熱 3 分鐘。
2. 混合醃泡液的材料，淋在 1 上之後再稍微攪拌。
3. 確實入味後，移到以熱水消毒過的保存容器內，放入冰箱冷藏（可保存 1 個月左右）。

常備用食材

f 糖漬橙皮
（濕潤類型）

材料（容易製作的分量）

柳橙皮⋯2 個的量
柳橙汁⋯50ml
水⋯適量
黍砂糖⋯100g
蜂蜜⋯1 大匙
白蘭地⋯2 大匙

製作法

1. 將柳橙洗乾淨後，擦乾上頭的水氣。剝皮、去掉白絡，然後切絲。果肉打成果汁。
2. 將皮放入鍋子裡，加水煮至沸騰後，把煮汁倒掉。接著加入果汁和黍砂糖，以及高度淹過食材的水。開弱火，燉煮到水分幾乎消失。
3. 加入蜂蜜和白蘭地，待冷卻後再移到以熱水消毒過的保存容器內，放入冰箱冷藏（可保存 1 個月左右）。

g 醃漬紅蘿蔔絲

材料（容易製作的分量）

紅蘿蔔⋯2 根
鹽⋯適量
醃泡液
┌ 白酒醋或是蘋果醋
　　⋯75ml
│ 頂級冷壓初榨橄欖油
　　⋯2½ 大匙
│ 蜂蜜⋯1 大匙
│ 鹽⋯1/4 小匙
└ 黑胡椒⋯少許

製作法

1. 將紅蘿蔔削皮後切絲。
2. 放入調理碗中，撒上鹽，輕輕攪拌使其軟化後，瀝乾水分。
3. 混合醃泡液的材料，放入紅蘿蔔後再稍微攪拌。
4. 確實入味後，移到以熱水消毒過的保存容器內，放入冰箱冷藏（可保存 1 個月左右）。

可依喜好加入孜然籽或葛縷子，活用它們的香氣也會很美味。把醋的量減半，換成柳橙或檸檬汁，能營造出清爽的風味。

h 醃泡紫高麗菜

材料（容易製作的分量）

紫高麗菜⋯1/4 個
鹽⋯適量
醃泡液
┌ 白酒醋⋯2 大匙
│ 頂級冷壓初榨橄欖油⋯1 大匙
│ 蜂蜜⋯1 小匙
└ 鹽⋯1/4 小匙

製作法

1. 將紫高麗菜切絲。
2. 放入調理碗中，撒上鹽後用手用手輕輕搓揉使其軟化，擰去水分。
3. 混合醃泡液的材料，放入紫高麗菜後再稍微攪拌。
4. 確實入味後，移到以熱水消毒過的保存容器內，放入冰箱冷藏（可保存 1 個月左右）。

i 醋漬蔬菜

材料（容易製作的分量）

花椰菜⋯1/2 個
甜椒（紅黃兩色）⋯各 1/2 個
蕪菁⋯2 個
迷你紅蘿蔔⋯6 根
其他蔬菜如小洋蔥、小黃瓜等
　⋯適量
醋漬液
┌ 酒醋或是米醋⋯200ml
│ 水⋯100ml
│ 黍砂糖⋯2½ 大匙
│ 鹽⋯1/2 大匙
│ 月桂葉⋯2 片
│ 白胡椒⋯5 ～ 6 粒
│ 芥菜籽（黃）
　　⋯1/2 小匙
└ 紅辣椒⋯1 根

製作法

1. 將蔬菜各自切成方便食用的大小。
2. 在沸騰的熱水中加入一小撮鹽（分量外），接著放入蔬菜，煮 1 分鐘左右後取出再放到篩網上。
3. 將醋漬液的材料放入鍋子裡，開火煮到沸騰後，加入蔬菜，然後立刻關火，就這樣靜置冷卻。之後移到以熱水消毒過的保存容器內，放入冰箱冷藏（可保存 1 個月左右）。

雙鮭魚法式抹醬與 蔬菜三明治

「3 種常備用食材搭配蔬菜。美麗的斷面也是享受！」

＋

＋

吐司　　　鮭魚法式抹醬　　醃泡紫高麗菜、醃漬紅
　　　　　　　　　　　　　　蘿蔔絲、蔬菜

製作方法請見 50 頁

豆泥與米莫萊特起司
開放式三明治

「只要在麵包上擺滿豆泥再削點起司，絕品三明治隨即完成」

鄉村麵包　　　　　　豆泥　　　　　起司、蔬菜、香料

47

卡布里沙拉開放式三明治

「加入莫札瑞拉起司與羅勒，就是讓人喜愛的卡布里沙拉組合」

長棍麵包
+

油漬番茄
+

起司、香草、香料

製作方法請見 51 頁

優格奶油水果三明治

「滿滿的莓果類與藏在奶油中的蘭姆葡萄乾。健康的甜點三明治」

布里歐　　　　　水切優格　　　　水果、果乾、蜂蜜

49

雙鮭魚法式抹醬與
蔬菜三明治

材料（分量依喜好而定）
推薦的麵包：吐司（8 片切）
雙鮭魚法式抹醬（41 頁）
醃泡紫高麗菜（45 頁）
醃漬紅蘿蔔絲（45 頁）
小黃瓜（薄片）
櫻桃蘿蔔（薄片）
美乃滋
顆粒芥末醬
裝飾用櫻桃蘿蔔

組合方式
1. 在吐司上塗上厚厚一層的雙鮭魚法式抹醬。
2. 依照醃泡紫高麗菜、小黃瓜、醃漬紅蘿蔔絲、櫻桃蘿蔔的順序妥善地堆疊。
3. 在另一片吐司上塗上美乃滋和顆粒芥末醬。
4. 用保鮮膜確實包好，放入冰箱冷藏靜置 20 分鐘後分切。擺上櫻桃蘿蔔裝飾。

豆泥與米莫萊特起司
開放式三明治

材料（分量依喜好而定）
推薦的麵包：鄉村麵包
　　（厚度 1cm 的麵包片）
無鹽奶油（常溫狀態）
白腰豆泥（44 頁）
米莫萊特起司（刨屑）
芝麻菜
粉紅胡椒
頂級冷壓初榨橄欖油

組合方式
1. 在麵包的內側那面塗上薄薄一層的無鹽奶油。
2. 放上白腰豆泥，再撒上米莫萊特起司。
3. 擺上芝麻菜和粉紅胡椒，最後淋上橄欖油。

「為常備用食材
增添各種夥伴。
想要做的時候立刻就能
完成好吃的三明治」

卡布里沙拉開放式三明治

材料（分量依喜好而定）

推薦的麵包：長棍麵包

　（厚度 1.5cm 的麵包片）

蒜頭

橄欖油

莫札瑞拉起司

油漬番茄（44 頁）

羅勒葉

生胡椒粒（黑）

組合方式

1. 蒜頭切開，用切口處去摩擦長棍麵包，接著淋上橄欖油，再放進烘焙烤箱烤 2 分鐘左右。

2. 用手撕開莫札瑞拉起司後灑上，再擺上油漬番茄和生胡椒粒。然後用蘿勒葉裝飾，再淋上一圈油漬番茄的油漬液。

優格奶油水果三明治

材料（分量依喜好而定）

推薦的麵包：布里歐

無鹽奶油（常溫狀態）

水切優格（44 頁）

馬斯卡彭起司

蘭姆葡萄乾

　（將葡萄乾浸入蘭姆酒 2～3 日）

蜂蜜

草莓

藍莓

樹莓

薄荷葉

糖粉

組合方式

1. 將布里歐從側面對半切開，切面處塗上薄薄一層的無鹽奶油。

2. 將水切優格和馬斯卡彭起司以 1：1 的比例混合，接著加入蘭姆葡萄乾和蜂蜜來調節甜度。

3. 在 1 的其中一片上擺上 2，再用切成薄片的草莓和莓果類進行裝飾，在撒上薄荷葉後，蓋上 1 的另一片。接著灑上糖粉，並依喜好淋上少量的蜂蜜。

Column ② 讓製作三明治更便利的市售食品

「就用這個和那個來做三明治吧！」
在這種時候，如果手邊有能凸顯組合特色、變化出全新的口味、
讓風味或外觀都能更加搶眼的食材，那麼製作三明治也會變得更有樂趣。
從強調主角存在之物到出色的配角，本專欄將收錄讓人很想備齊的食材陣容。

三明治的必需品

奶油

首席當然就是奶油了。平時我會常備的是無鹽奶油，後續再因應鹽分的需求來添加。因為不論是麵包、美乃滋還是食材都含有鹽分，為了不要妨礙調味，所以推薦大家使用無鹽的品項，而且很適合用於甜點三明治的製作。

美乃滋

現在市面上有使用豆漿或亞麻仁油製作，或是卡路里減半的各種美乃滋產品。我想各位應該都有自己喜歡的類型和品牌，請使用那些美乃滋即可。我個人偏好「Best Foods」出品的美乃滋，但最推薦使用的還是新鮮的手作美乃滋。在右下這個區塊會跟大家分享製作的方式。

黃芥末醬

帶有辛辣味的抹醬食材能夠為三明治的風味添加吸引人的賣點。只要準備顆粒芥末醬、法式芥末醬、日式黃芥末等 3 種，就能對應多樣化的菜單。

> **手作美乃滋**
>
> 在調理碗中放入蛋黃 2 顆，米醋或白酒醋 2 大匙、黍砂糖 1 小匙、鹽 1/3 小匙後攪拌、讓調味料溶解。最後啟動手持攪拌棒或食物攪拌機，邊攪邊分 8 次加入 1 大匙的沙拉油或頂級冷壓初榨橄欖油。這裡選用芝麻油的話就可做成和風口味。放入冰箱冷藏可保存 2～3 日。

冰箱裡有這個就很安心

起司

有和番茄是名搭檔的莫札瑞拉起司、還有很想拿來搭配水果的瑞可塔起司或馬斯卡彭起司。撒上剛刨下的帕馬森起司或米莫萊特起司的開放式三明治、內含黏稠格魯耶爾起司或艾曼塔起司的熱壓三明治也都是絕品。不管是新鮮類型或是硬質類型，起司都能賦予三明治濃郁以及深度。

奶油類

鮮奶油是打發後用於甜點三明治、奶油起司或酸奶油則是會和素材混合做成黏糊狀，它們是在收尾階段加入餐點，就能大展所長的奶油類食材。水切優格和酸奶油的製作方式在 Lesson3（P44）有介紹，請各位務必作為參考。

火腿、香腸、培根

火腿三明治、熱壓三明治、BLT 三明治等經典款三明治不可欠缺的素材。雖然乳製品也是同樣重要，但是談到「冰箱裡還剩下一些，全都拿來做成三明治吧」這種想法的話，我覺得它們的運用範圍還更加廣泛。

食品儲藏間的常備品

罐裝、瓶裝素材

鮪魚、鯖魚、油漬沙丁魚、螃蟹、扇貝、鹽漬牛肉等，都能在什麼都沒有的情況下擔綱三明治的主角級食材。醃漬蔬菜或橄欖可作為三明治的配菜。讓人意外感到方便的則是豆類，我總是儲備著幾個種類。在這本書中也使用白腰豆製作豆泥、在馬鈴薯沙拉中放入綜合豆等，加以活用。

堅果、果乾

能夠讓色彩和口感升級的堅果或果乾，如果備有偏好的綜合堅果就會相當方便。將堅果泡進蜂蜜、果乾浸入蘭姆酒的話，不僅能延長保存時間，風味也會更上一層樓，運用在三明治的時候更是能製作出時髦的餐點。包含松子、南瓜子、枸杞等在內的綜合種子食品也是相當重要的存在。

市售的醬料

和可樂餅三明治與炸豬排三明治很搭的中濃醬料當然不可或缺，如果有其他偏好的風味醬料，也請盡量將它們運用在三明治上吧。西式風味可使用羅勒醬料、番茄醬、白醬；和風風味運用芝麻醬或味噌也能讓美味程度大增。

其他、因應喜好的品項

辛辣調味料

除了烤牛肉配辣根、燒肉配苦椒醬這種招牌組合之外，辣椒類的則有法國和西班牙的艾斯佩雷、突尼西亞和摩洛哥的哈里薩、南美洲的墨西哥辣椒等，稍微使用一點特別的辛辣香料，就能替三明治增添異國的情調。同屬於辛辣香料夥伴，日本的山葵和柚子胡椒也很適合三明治，例如可以將它們和美乃滋混合使用之類的，和各式各樣的素材都很相配。

甘甜醬料

蜂蜜或楓糖漿自然不用多說，用喜愛的水果製成的果醬和糖煮水果也是很想備齊的食材。如果有花生醬、栗子奶油、水果醬汁、巧克力醬、焦糖醬等，和奶油類食材巧妙搭配，就能立刻完成甜點三明治。

Lesson 4

刻意剩下來，
留待明日再次享用。
「一品重塑」三明治

不小心做得太多的可樂餅或馬鈴薯沙拉，
還有剩餘的烤牛肉或燒肉。只要增加契
合度超群的素材，製作成三明治的話，
就能享受到嶄新的美味。本單元就是會
讓各位想在下次刻意剩下食材的絕品重
塑集錦！

可樂餅漢堡

「幫剩餘的可樂餅增添點花樣。
變身成為經典＆分量升級等 2 種漢堡」

製作方法請見116頁

「一品重塑」三明治

炸雞三明治

「韓國風的藥念醬，讓炸雞增添了辛辣風味。
請不要切開，推薦各位要大口咬下！」

製作方法請見 116 頁

炸蝦三明治

「藉由契合的咖哩美乃滋來增添風味的炸蝦，
以及切成細絲的萵苣全部都夾進去」

製作方法請見 117 頁

馬鈴薯沙拉三明治

「馬鈴薯沙拉遇上中濃醬料，簡直是驚艷的相遇！
讓剩下的菜餚搖身一變成為三明治餐點」

製作方法請見 117 頁

普羅旺斯燉菜熱壓三明治

「加進起司的熱騰騰三明治。
以帕尼尼三明治機烤出卡頌尼風格」

製作方法請見 118 頁

製作方法請見118頁

烤牛肉三明治

「如果派對餐點中的
烤牛肉有剩下的話，
請務必做成三明治。
放入重箱中還能當成伴手禮！」

「一品重塑」三明治

滷五花肉三明治

「把使用蒸好的白麵皮來包覆滷五花肉的刈包，
改用豆漿麵包來簡單變化」

製作方法請見 119 頁

金平牛蒡開放式三明治

「在金平這種常備菜上放上起司去烘烤，立即煥然一新。
甜辣口味和三明治意外地契合！」

製作方法請見 119 頁

燒肉沙拉口袋三明治

「將剩餘的燒肉滿滿地塞進用烤好的吐司做成的口袋裡。
很適合當成便當」

製作方法請見 120 頁

烤雞肉三明治

「加入豐富的蔬菜，檸檬奶油和黃芥末醬讓口味更清爽。
和藍天很相襯的風味！」

製作方法請見 120 頁

藉由熟菜重塑來製作好吃的三明治

如果能用剩餘的菜餚做出好吃的三明治，就會讓人覺得賺到了呢。
若是想把前一天的菜色重新塑造成和三明治非常契合的食材，
其中的祕訣就在於廣泛地活用任何能運用的東西。
就讓我們來掌握「搭配美乃滋」、「放入煎蛋中」、「做成起司燒」等
簡單又具體的方法吧。

「和麵包合作無間」是基本要件

用美乃滋和黃芥末醬來「連結」

不管怎麼說，美乃滋和黃芥末醬都是最強的橋梁角色。即使是一開始感覺用在三明治上有點不適合的料理，試著加入美乃滋看看後，時常能獲得意外的收穫。

加入雞蛋

為了讓料理吃起來更方便，把它們加入蛋液中再去煎，也就是融入煎蛋裡面的話，容易變化成三明治食材的料理就多了不少。為了增加分量，擺上荷包蛋或是切成薄片的水煮蛋也是不錯的方法。

做成起司燒或是跟起司調合

除了放上融化類型的起司再烘烤之外，結合奶油起司或新鮮類型起司等，也是和麵包很搭的方法，推薦大家採用。請大家嘗試使用冰箱中剩下的各種起司吧。

用醬料或調味料來變化口味

番茄味、咖哩味、醬料味、辛辣味、民族風味等，只要用一些小步驟來變化成不同風味的話，就能讓剩餘菜餚呈現出截然不同的嶄新口味。

一 品 重 塑 的 變 化 案 例

馬鈴薯燉肉

融入煎蛋裡、用煎蛋包起來、搗碎後做成可樂餅、放上起司再烘烤，可以做出各式各樣的變化。

義大利麵

雖然直接夾進麵包裡也是可以的，但還有融入煎蛋裡、放上起司再烘烤等技巧。通心粉之類的也能拌入美乃滋、做成沙拉後再用於三明治的製作。

魚料理

油炸白身魚、炸蝦、炸花枝圈等可以配合塔塔醬，而烤魚可以撕碎後融入煎蛋裡，打造出能吃得很滿足的三明治。除此之外，淋上白醬或起司再去烘烤的方法也能運用在許多魚料理上。還可加入新鮮蔬菜或香草之類的，也推薦搭配檸檬或柳橙等柑橘類。

咖哩、濃湯

隨著燉煮讓水分減少後，會更適合用來當成三明治的食材。除了將它們填入挖空的麵包再放進烤箱烘烤之外，擺上起司、白醬、番茄醬後再烘烤也很好吃。如果再放入蔬菜的話，就能搖身一變、成為無法讓人聯想到是運用剩餘菜餚製成的三明治。

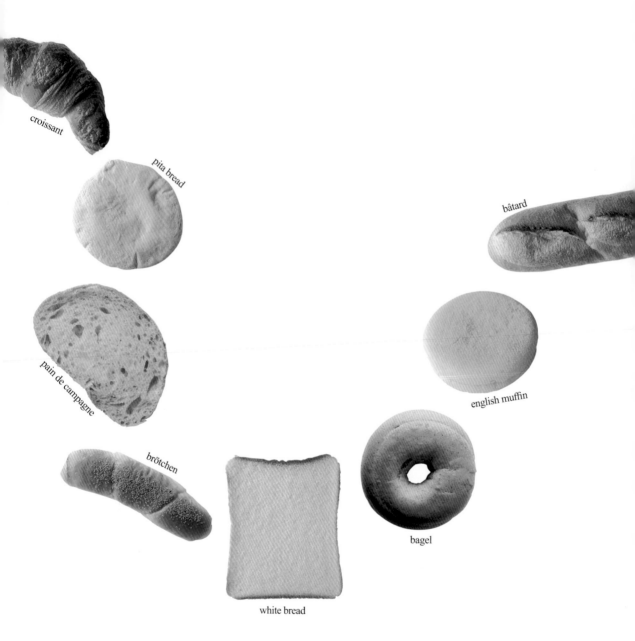

croissant

pita bread

bâtard

pain de campagne

english muffin

brötchen

bagel

white bread

rye bread

Lesson 5

抱持旅行的心情去享受，世界的名作三明治

全世界有各式各樣受到人們喜愛的三明治。這個單元將收錄我憑藉自己在當地品嚐的記憶，盡可能忠實重現的品項，以及稍微加入一點變化的類型。無論是哪一種，都能用在日本可取得的材料製作。請在回顧自身旅遊回憶的同時享受這一切吧。

下午茶三明治

「小黃瓜與鮭魚，加上挖成圓形的麵包小點，打造出英國風下午茶」

抱持旅行的心情去享受・UK

製作方法請見 121 頁

總匯三明治

「在飯店休息室品嚐到的風味。把雞肉、蛋、蔬菜層層疊起的奢華三明治」

德式熱狗堡

「以德國酸菜與醃泡紫高麗菜為重點的德國風熱狗堡」

　　　　‖ 抱持旅行的心情去享受・Germany ‖　　　　製作方法請見 122 頁

庫克先生三明治

「熱騰騰的起司吐司，讓人想起冬季巴黎的露天咖啡座」

西班牙歐姆蛋開放式三明治

「將西班牙的招牌歐姆蛋，以黃芥末醬奶油與油漬番茄改造成開放式三明治」

番茄與起司帕尼尼

「烤出線條狀烤痕的巧巴達令人垂涎。義大利的活力早晨就從帕尼尼開始」

北歐風開放式三明治

「煙燻鮭魚、酸奶油搭配黑麥麵包，是北歐特有的搭檔組合」

抱持旅行的心情去享受・Scandinavia

製作方法請見 124 頁

油漬沙丁魚開放式三明治

「葡萄牙人鍾愛的沙丁魚。放上起司瓦片後更添時髦感」

漢堡

「以多汁的漢堡肉搭配辣根為特點的洗鍊起司漢堡」

抱持旅行的心情去享受・USA

製作方法請見 125 頁

班尼迪克蛋

「瑪芬配上水波蛋，再淋上荷蘭醬，就是飯店早餐的經典款」

越南法國麵包

「肉與醃菜、芫荽的組合。是東西口味匯集的越南攤販中的人氣品項」

　　抱持旅行的心情去享受・Vietnam　　製作方法請見 126 頁

烤鯖魚三明治

「鹽烤鯖魚、洋蔥片、檸檬極為契合！發源自土耳其的絕品三明治」

辣豆醬三明治

「在燉煮的南美辣豆和絞肉中，加入細切蔬菜的皮塔餅三明治」

抱持旅行的心情去享受・South America

製作方法請見 127 頁

叉燒肉三明治

「廣東風叉燒肉搭配香辣蔥油。中華風味的三明治」

厚煎蛋三明治

「夾入煎到鬆軟的煎蛋的和風三明治。日式黃芥末和紫蘇是特點所在」

抱持旅行的心情去享受・Japan 製作方法請見 129 頁

照燒雞肉三明治

「在日本發祥的甘甜照燒風味上，發揮柚子胡椒美乃滋的辣味」

Column ④

三明治便當或伴手禮，菜單組合的訣竅

這個地方要向大家介紹，將三明治當成便當、野餐餐點享用，或是作為拜訪他人時的伴手禮等場合，以及用三明治來建構菜單時應該注意的地方。

當成便當、野餐餐點、伴手禮的場合

雖然三明治是能夠輕鬆帶著走的餐點，不過還是新鮮一點的比較好吃。請以製作完成後最晚 2 ～ 3 小時內要食用為基準來進行準備吧。如果不是馬上食用的場合，為了不要讓食材的水分散失，導致麵包變得乾巴巴的，就必須在素材選擇和製作方式等層面下點工夫。

吐司類三明治雖然相對耐放，但放得太久就會讓口感產生變化。如果希望享用到酥脆的口感，最好是在完成後的 1 小時內就食用完畢。

圓麵包、熱狗麵包、麵包卷、長棍麵包等，因為耐久放又便於食用，所以相當推薦。

生的蔬菜或水果只要盡可能擦乾水氣的話，耐久度就會有某種程度的提升。但是像番茄或柳橙這種會隨著時間經過出水的食材，還是盡可能不要放太久比較好。除此之外，烘烤過的起司，其風味也會隨著時間而變化，所以比較不適用在便當或伴手禮的製作。

用三明治來建構菜單的場合

如果想將三明治運用在享用美酒的聚會或是舉辦派對，在建構菜單的時候就請大家務必要留意以下的要點。在風味、口感、色彩、營養均衡等所有的層面，都要營造出富含滿足感的構成。

基本上食材的基礎，就是在蔬菜、魚貝類、肉類、水果等做出變化就可以了。

如果構思前菜三明治、主餐三明治、甜點三明治的搭配組合的話，就能打造出宛如簡約全餐般的愉悅款待氛圍。

不光只是用三明治來構成全部的餐點，如果另外準備湯品或甜點的話，饗宴的感受就能有所提升。

混合夾入餡料型的三明治和開放式三明治，或是把烘烤型三明治融入菜單，讓冷食和溫熱食交替變化，就能讓宴席的視覺感和口感產生變化。大家也可以參考 Lesson1（那些能讓美酒一杯接著一杯的三明治）開頭的 4 個品項組合，依照決定的主題來自由進行搭配吧！

關於方便食用這一點也請花點巧思吧。例如一口大小的三明治，或是抹上醬料再捲起來的三明治卷，就能很方便地用手捏起來就吃。為了不讓醬料之類的沾到手指，還可用保鮮膜、蠟紙等包起來，視包覆方式的不同，也能讓享用的過程更加暢快。

在大型的鄉村麵包上挖洞，然後填入東西的「Pain Surprise」，除了麵包比較不容易變乾之外，外觀也很氣派，適合當成伴手禮。

為了不要讓表面變得乾巴巴的，可以藉由覆蓋萵苣葉等方式來進行保濕，還能藉此呈現出特別的擺盤演出效果。

在 P62 ～ 63 就有展示將烤牛肉三明治放進重箱的範例。重箱擁有非常好的密閉性和透氣性，很適合用來保存三明治。因為也能散發出講究的氣氛，所以很推薦用於派對或是伴手禮等場合。我的一位朋友是石川縣輪島塗「蔦屋」的女將，她告訴我關於漆器擁有優秀的保濕性、很適合拿來存放三明治的知識，於是我便使用蔦屋出品的八角重來嘗試看看，結果真的能維持濕潤的狀態，麵包的風味也都沒有改變。如果大家手邊有重箱的話，請一定要拿來嘗試看看喔。

Lesson 6

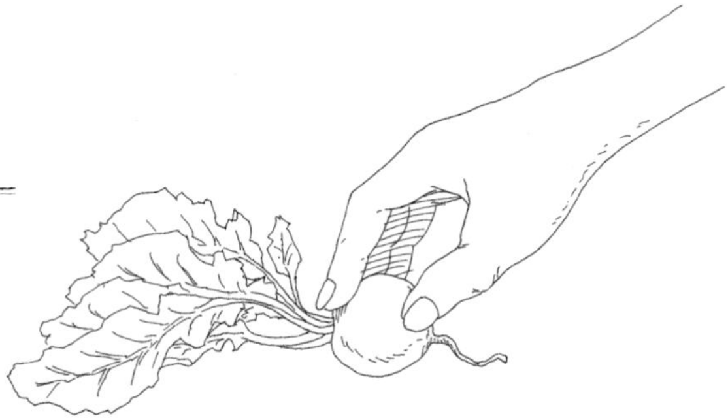

均衡度超群！
蔬菜量滿滿的
健康三明治

只要選擇適切的食材，三明治就能成為
非常健康的餐點。以低卡路里的食材和
蔬菜為基礎，去評估營養和口味的均衡，
製作出吃了會更美更健康的三明治。
以下就是即便在瘦身期間也能大快朵頤
的 10 種品項！

繽紛維生素
蔬菜絲三明治

「只需要用 6 種切成細絲的蔬菜作為材料。
從讓人愉快的口感和濃郁的美乃滋中獲得大大的滿足！」

製作方法請見 131 頁

南瓜沙拉三明治

「在摻入果乾的南瓜沙拉上,以酸奶油美乃滋進行點綴」

製作方法請見 131 頁

甜菜、花椰菜與
糖漬橙皮沙拉三明治

「從美麗的甜菜布里歐靈光一閃的組合，屬於貴婦人的三明治」

製作方法請見 132 頁

罐裝鯖魚與蔬菜佐香料鮮奶油三明治

「將罐裝鯖魚和彩椒製成的餡料，與民族風美乃滋風味的奶油融合」

製作方法請見 132 頁

綠花椰菜拌芝麻豆腐三明治

「細葉芝麻菜與芝麻的風味，在拌入豆腐的蔬菜中巧妙融合的健康三明治」

製作方法請見 133 頁

柚子胡椒美乃滋拌鮮蝦三明治

「蝦子與美乃滋這組知名搭檔，再加進脆脆飛魚卵的健康三明治」

製作方法請見 133 頁

螃蟹沙拉開放式三明治

「簡單用美乃滋拌勻的蟹肉，與高麗菜絲和醃泡紫高麗菜一同登場」

製作方法請見 134 頁

蘑菇與帕馬森起司開放式三明治

「在酥脆的麵包上，像削松露那樣削下生蘑菇片的時髦品項」

製作方法請見 134 頁

蒸雞肉與芹菜沙拉三明治

「為加入芹菜與核桃口感的雞肉，
再增添藍紋起司的鹽味以及石榴的酸甜韻味」

健康三明治

製作方法請見 135 頁

油菜花與醃漬紅蘿蔔絲
佐鮪魚美乃滋三明治

「經典的鮪魚美乃滋，和油菜花與紅蘿蔔相遇的春天三明治」

製作方法請見 135 頁

變得美味又時髦！
剩餘麵包的重塑創意

製作三明治時切掉的吐司邊，或是沒有用完、已經變硬的麵包，請不要丟掉、先留著備用，
不要讓它們剩下來、好好運用，變化成很棒的一道料理吧。現在就介紹會讓人訝異「這些是
剩下的麵包！？」的驚艷菜單，還有簡單方便的應用方法。

用吐司邊製作
螃蟹與菠菜法式鹹派

「派皮基底是由奶油和浸泡牛奶的吐司邊製成。不必二次烘烤的簡單鹹派」

材料（直徑 18cm×4.5cm 的派塔模型 1 個的量）

派皮基底

- 吐司邊⋯約 200g
- 牛奶⋯150ml
- 無鹽奶油⋯20g

蛋液（蛋糊）

- 雞蛋⋯2 個
- 牛奶⋯100ml
- 鮮奶油（乳脂肪 45%）⋯100ml ※可換成豆漿
- 帕馬森起司（刨屑）⋯50g
- 黑胡椒⋯少許
- 鹽⋯少許

食材

- 菠菜⋯1 把
- 剝散的螃蟹肉⋯150g
- ※ 食材可依喜好決定

製作法

1. 將牛奶加熱，放入無鹽奶油讓其融化。把吐司邊撕成適當的大小後泡進牛奶中，讓它們充分吸飽牛奶。

2. 在派塔模型內塗上薄薄一層的無鹽奶油，然後把1的吐司邊均等地貼在邊緣繞一圈，接著放入冰箱中冷藏1 個小時，待其凝固。

3. 在調理碗中調和蛋液的材料。

4. 將菠菜放入鹽水中煮一下，取出水洗後盡可能擰去水分，然後切成 3～4cm 左右的長度。螃蟹肉去除軟骨後，擰去多餘水分。

5. 等到2凝固後，將4均勻地擺入2中，接著倒入3，然後放進預熱 180℃的烤箱烤 24～25 分鐘。待餘熱散去後就可進行分切。最後可依照喜好，撒上現磨的帕馬森起司（分量外）。

材料（內部尺寸 14×9×6cm 的凍派模型 1 個的量）

食材

┌ 長棍麵包（兩端的部分）…4～5 塊
│ 綠花椰菜─…1/4 株
│ 迷你紅蘿蔔…4 根
│ 玉米筍…4 根
└ 火腿（切塊）…50g

※ 食材可依喜好決定

凍派液

┌ 馬斯卡彭起司…250g
│ 鮮奶油…100ml
│ 水…50ml
│ 吉利丁片…15g
│ 日本柚子皮（刨屑）…1 個的量
│ 柚子胡椒…2 小匙
│ 鹽…少許
└ 頂級冷壓初榨橄欖油…1 大匙

法國麵包磨出的麵包粉…適量

製作法

1. 將長棍麵包切成 2cm 厚的片狀。麵包粉放入平底鍋中炒到變成金黃色。

2. 將花椰菜掰成小株，然後連同迷你紅蘿蔔和玉米筍都用鹽水煮到變柔軟。

3. 將吉利丁片放到冰水中泡發。馬斯卡彭起司恢復至常溫。

4. 將馬斯卡彭起司放入調理碗中，攪拌到滑順狀態。接著把鮮奶油打到 8 分發後也加進調理碗內。最後放入日本柚子皮、柚子胡椒、鹽、橄欖油，均勻攪拌調合。

5. 將 50ml 的水加熱到 70℃左右，將吉利丁片放進去溶解，再倒進 4，均勻混合。

6. 在凍派模型內鋪上保鮮膜，接著倒入約一半的 5 凍派液，然後妥善地把長棍麵包和 2 的蔬菜排進去。

7. 倒入剩下一半的 5 凍派液，再拿起模型輕敲桌面，讓空氣散出。接著包上保鮮膜，放入冰箱冷藏 1～2 小時，待其凝固。

8. 從模型中取出，在周圍撒上麵包粉，並且在冰冷的狀態下分切。可依喜好添加生菜沙拉。

融入長棍麵包與蔬菜的起司奶油法式凍派

「長棍麵包與蔬菜從斷面現身，馬斯卡彭起司基底的可愛凍派」

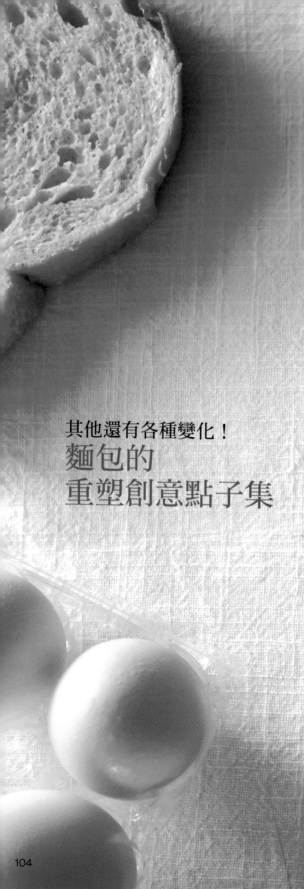

法式吐司

只要浸泡加入牛奶和砂糖的蛋液後再用奶油烘烤的話，即使是放了一段時間的吐司也能夠變成鬆軟的法式吐司。還可依個人喜好，添加肉桂粉、楓糖漿或蜂蜜等等。

肉桂捲

把吐司邊捲起來再用牙籤固定，然後用奶油和砂糖在平底鍋中煎一下，最後撒上肉桂粉，就完成了小巧又可愛的簡單點心。

麵包焗烤

加入白醬再放上起司烘烤，就能做出簡單的焗烤。在洋蔥湯上擺上麵包再烘烤的「Gratiner」或意味著「丟失的麵包」的「Pain Perdu」，都是法國人很喜愛的麵包焗烤。

烤蛋奶燴（Strata）

和法式鹹派很類似的煎蛋，搭配浸泡蛋液的麵包、炒過的培根和洋蔥、放入法國烤鍋裡烘烤。因為沒有派皮基底的部分，所以製作起來比法式鹹派更加簡單。

番茄麵包（Pan con tomate）

西班牙加泰隆尼亞地區的飲食類型，原文意思是「和番茄一起的麵包」。是用變硬的麵包搭配搗碎的番茄和蒜頭，再淋上橄欖油進行烘烤的餐點。

其他還有各種變化！
麵包的
重塑創意點子集

麵包粥

用牛奶將麵包燉煮到黏稠狀的麵包粥。雖然帶有離乳食或病人餐食的印象，不過只要放入果醬、蜂蜜、果乾等進行點綴的話，就能成為容易消化的早餐。

麵包湯

將麵包放入法式清湯風格的蔬菜湯或牛奶基底的湯中燉煮到黏稠狀的湯品。放進充足的蔬菜，再打一個蛋，就會非常美味。

麵包丁

將變硬的長棍麵包切成適當的大小就成了麵包丁。淋上橄欖油後再放入烤箱中烤到酥脆，然後添加沙拉或湯品作為點綴，脆脆的口感就能變成相當棒的賣點。

湯品的勾芡

想要簡單地為湯品進行勾芡時，麵包就能成為很合適的材料。舉例來說，西班牙冷湯這種不加熱的品項也能勾芡。要為蔬菜湯勾芡時，比起加入麵粉和奶油揉製的勾芡麵糊，這種方式更能抑制卡路里，還能節省工序，真是一石二鳥。

麵包粉

吐司邊或是變硬的法國麵包，可以再次烘烤使其乾燥化，接著放入食物攪拌機，就能獲得美味的麵包粉。

Lesson 7

無論是飯後點心
還是下午茶時間
都來份幸福的
甜點三明治

最後的章節，要獻給喜愛甜點的你們。
雖然無論是哪一種都是使用麵包製作的
三明治，但是幾乎都是被稱為蛋糕也不
為過的品項。
請在喜愛的茶飲陪伴下，享受把甜美的
東西放入口中的幸福時刻吧。

草莓鮮奶油三明治

「對優格基底的鮮奶油搭配有所講究的草莓三明治」

製作方法請見 136 頁

南瓜鮮奶油與
瑞可塔鮮奶油三明治

「擠出 2 種健康的鮮奶油，製作成手風琴三明治風格」

製作方法請見 136 頁

奇異果與百香果優格
鮮奶油三明治

「想要在炎炎夏日裡冰透後再享用的熱帶水果三明治」

製作方法請見 137 頁

栗子三重奏與
馬斯卡彭起司三明治

「將糖漬栗子拌入栗子奶油再放上澀皮煮。
對喜歡栗子的人來說是至高無上的幸福滋味」

製作方法請見 137 頁

香蕉與起司
巴烏魯熱壓三明治

「母親經常製作的香蕉三明治。
起司風味再加上奶油與楓糖，會讓人一吃就上癮！」

製作方法請見 138 頁

紅豆奶油貝果三明治

「將運用水飴產生光澤的紅豆餡搭配發酵奶油，
夾進摻入胚芽的輕盈貝果之中」

製作方法請見 138 頁

肉桂焦糖蘋果鮮奶油三明治

「在可頌麵包中夾進焦糖風味的蘋果與滑順的鮮奶油」

製作方法請見 139 頁

How to make

delicious

Sandwiches

可樂餅漢堡

P56 ～ 57

材料（分量依喜好而定）
推薦的麵包：圓麵包
可樂餅
高麗菜
巴西利
雞蛋
和風黃芥末膏
中濃醬料
美乃滋

準備
A. 將高麗菜切絲、巴西利切碎後兩者混合。
B. 製作半熟蛋。將雞蛋打入容器中，讓平底鍋覆上一層薄薄的油，開強火加熱，之後轉中火後放入雞蛋，再轉弱火、不要蓋上鍋蓋，直到蛋白熟透、蛋黃半熟的狀態。

組合方式
1. 將圓麵包從側面對半切開，內側塗上和風黃芥末膏。
2. A 款，將高麗菜絲混細碎巴西利擺上去，再放上可樂餅。適量加上中濃醬料和美乃滋後夾起來。
3. B 款，將可樂餅浸入中濃醬料後取出，再擺上去。然後在可樂餅上放上半熟蛋，接著淋上中濃醬料之後再夾起來。

炸雞三明治

P58

材料（分量依喜好而定）
推薦的麵包：米粉麵包
炸雞
藥念醬（容易製作的分量）
┌ 苦椒醬…2 大匙
│ 番茄醬…1½ 大匙
│ 濃口醬油…1 大匙
│ 味醂…1 大匙
│ 黍砂糖…1 小匙
└ 蒜頭（磨泥）…1 小匙
炒過的芝麻
美乃滋
紅葉萵苣

準備
將炸雞放入微波爐或烤箱加熱。在平底鍋中混合藥念醬的材料，開中火。接著放入炸雞，讓其沾附醬料，最後撒上炒過的芝麻後關火。

組合方式
1. 將麵包從側面對半切開，放入烤箱加熱，再塗上少量的美乃滋。擺上炸雞後再放上紅葉萵苣，接著加上少量的美乃滋後再夾起來。
2. 用鋁箔紙包起，等待入味，之後便可在還是溫熱的狀態下食用。

炸蝦三明治

P59

材料（分量依喜好而定）

推薦的麵包：吐司（8 片切）

炸蝦

萵苣

咖哩美乃滋（容易製作的分量）

┌ 美乃滋　2 大匙

└ 焙煎咖哩粉　1 小匙

準備

將萵苣切絲，泡進水裡後放到篩網上，盡可
能瀝乾水分。接著將咖哩美乃滋的材料均勻
混合。

組合方式

1. 在麵包的其中一面塗上咖哩美乃滋，接
著均等地放上萵苣絲，再擺上炸蝦。

2. 在另一片麵包的其中一面塗上咖哩美乃
滋，疊上 1 夾起來。用雙手輕壓，包上保鮮
膜後靜置 10 分鐘，等待入味。

3. 拆開保鮮膜，將手指置於刀身的兩側輕
壓，進行分切。

Memo

除了咖哩美乃滋之外，塔塔醬、
檸檬醬、番茄醬等都很適合。

馬鈴薯沙拉三明治

P60

材料（分量依喜好而定）

推薦的麵包：吐司（6 片切）

馬鈴薯沙拉

綜合豆

細葉芝麻菜

顆粒芥末醬

中濃醬料

準備

以每 200g 馬鈴薯沙拉對 50g 綜合豆的比
例進行混合。將麵包烤好。細葉芝麻菜泡
進水裡後，夾進廚房紙巾裡，盡可能吸收
水氣。

組合方式

1. 待餘熱散去後，在麵包上塗上顆粒芥末
醬，擺上細葉芝麻菜，再放上馬鈴薯沙拉。

2. 淋上中濃醬料後夾起來。

普羅旺斯燉菜熱壓三明治

P61

材料（分量依喜好而定）

推薦的麵包：吐司（8 片切）
普羅旺斯燉菜
莫札瑞拉起司
羅勒葉
頂級冷壓初榨橄欖油

準備

濾掉莫札瑞拉起司的水分後，切成適當的厚度。將羅勒葉大致切碎。

組合方式

1. 在麵包上塗上一半的莫札瑞拉起司，再放上羅勒葉。接著放上適量的普羅旺斯燉菜、莫札瑞拉起司、羅勒葉，然後蓋上另一片麵包夾起來。

2. 在熱壓三明治烤盤塗上橄欖油，把 1 放進去，然後在麵包上再淋上一點橄欖油，蓋起來進行烘烤。用較弱的中火將麵包烘烤到出現焦色後取出，進行分切。

烤牛肉三明治

P62 ～ 63

材料（分量依喜好而定）

推薦的麵包：吐司（12 片切）
烤牛肉
紅葉萵苣
顆粒芥末醬
美乃滋

準備

將麵包烤好。烤牛肉切成薄片。紅葉萵苣剝成適當的大小，放在廚房紙巾上吸收水氣。

組合方式

1. 麵包待餘熱散去後，在兩片各自的其中一面塗上顆粒芥末醬，接著再塗上美乃滋。

2. 鋪上 1 片紅葉萵苣，再放上烤牛肉，蓋上另一片麵包夾起來。

3. 用砧板等器具加重，靜置 10 分鐘左右等待入味，之後將手指置於刀身的兩側輕壓，進行分切。

滷五花肉三明治

P64

材料（分量依喜好而定）

推薦的麵包：豆漿麵包

滷五花肉

芝麻菜

和風黃芥末

準備

用手撕開芝麻菜，然後用廚房紙巾吸收水氣。加熱滷五花肉，使其恢復柔軟狀態。

組合方式

1. 將麵包從側面對半切開，內側塗上薄薄的一層和風黃芥末。

2. 鋪上芝麻菜，再擺上滷五花肉，然後淋上一些和風黃芥末。另一片麵包可擺在一旁，亦可直接蓋上。

金平牛蒡開放式三明治

P65

材料（分量依喜好而定）

推薦的麵包：鄉村麵包

金平牛蒡

格魯耶爾起司

　（披薩用的起司絲也可以）

無鹽奶油（常溫狀態）

七味唐辛子

準備

刨削格魯耶爾起司備用。麵包稍微烤一下。

組合方式

1. 麵包待餘熱散去後，塗上薄薄的一層奶油，接著把金平牛蒡均等地擺上去。

2. 撒上格魯耶爾起司，放進烤箱烘烤到起司融化為止，最後再灑上七味唐辛子。

Memo

金平牛蒡和麵包的組合雖然令人訝異，但只要用起司來當作它們之間的銜接橋梁就能消除異樣感。金平牛蒡可以切得細一點，以便供製作三明治時使用。

燒肉沙拉口袋三明治

P66

材料（分量依喜好而定）
推薦的麵包：吐司（6 片切）
燒肉
苦椒醬美乃滋
┌ 美乃滋…1 大匙
└ 苦椒醬…1 小匙
萵苣
白芝麻
Namul
　（豆芽、紅蘿蔔、菠菜等涼拌蔬菜）

準備
將麵包對半切開。從斷面往內挖深，將捲成棒狀的鋁箔紙插進去。以斷面朝上的方式放進烤箱烤 5 分鐘左右直到出現焦色，接著待餘熱散去後抽掉鋁箔紙（麵包口袋成形）。混合苦椒醬美乃滋的材料。

組合方式
1. 將萵苣和燒肉填進麵包口袋，淋上苦椒醬美乃滋，再撒上白芝麻。
2. 在其他的麵包口袋裡填進萵苣和 Namul，再淋上苦椒醬（分量外）。

烤雞肉三明治

P67

材料（分量依喜好而定）
推薦的麵包：吐司（8 片切）
烤雞肉
雞蛋
萵苣
番茄
檸檬鮮奶油
┌ 鮮奶油　60ml
│ 檸檬汁　30ml
│ 鹽　少許
└ 奶油　10g
法式芥末醬
迷迭香

準備
將烤雞肉撕成方便食用的大小。製作偏好硬度的水煮蛋，然後切成圓片。萵苣撕成適當大小，番茄切成圓片，再用廚房紙巾盡可能吸收多餘的水氣。把檸檬鮮奶油的材料：鮮奶油、檸檬汁、鹽放入小鍋中加熱，接著再放入奶油，燉煮到量剩下一半時，關火讓其冷卻。迷迭香切碎。

組合方式
1. 在麵包的其中一面塗上法式芥末醬。將萵苣捲起排列（參考 P26～27），再把烤雞肉、水煮蛋、迷迭香、番茄放上去。
2. 塗上檸檬鮮奶油，把另一片麵包蓋上去夾起來。從上方用兩手輕壓，接著用保鮮膜包起後靜置 10 分鐘左右，等待入味。
3. 拆開保鮮膜，將手指置於刀身的兩側輕壓，進行分切。

下午茶三明治

P72

材料（分量依喜好而定）

推薦的麵包：吐司（12 片切）

無鹽奶油

小黃瓜

巴西利奶油（41 頁）

煙燻鮭魚

草莓奶油（41 頁）

草莓果醬

乾燥草莓

凝脂奶油

藍莓果醬

食用花材

準備

奶油類至於常溫環境，使其軟化。小黃瓜用刨削器以縱向削出片狀，然後用廚房紙巾吸收水氣。

組合方式

1. 將兩片麵包的其中一面塗上無鹽奶油，一片排上小黃瓜後，另外一片蓋上去夾起來。雙手輕壓，用保鮮膜包起後靜置 10 分鐘後拆除，進行分切。

2. 取另外兩片麵包，再取巴西利奶油和煙燻鮭魚進行前一項的步驟。

3. 取另外的麵包，用圓形的模型挖出需求數量的圓塊。其中的一半放上草莓奶油和草莓果醬，然後以切碎的乾燥草莓裝飾。另外一半則是擺上凝脂奶油和藍莓果醬，再用食用花材裝飾。

總匯三明治

P73

材料（分量依喜好而定）

推薦的麵包：吐司（12 片切）

烤雞肉

雞蛋

小黃瓜

番茄

萵苣

無鹽奶油（常溫狀態）

法式芥末醬

美乃滋

番茄醬

準備

將麵包稍微烤一下，待餘熱散去。將烤雞肉撕成方便食用的大小。製作薄煎蛋片。小黃瓜和番茄切成薄片，萵苣撕開，放在廚房紙巾上吸收水氣。

組合方式

1. 因為是四片麵包疊起來的形式，所以其中兩片的兩面都塗、另外兩片的單面塗上薄薄的一層奶油和法式芥末醬。

2. 第一片麵包上擺上薄煎蛋片和小黃瓜。稍微加一點黏著用的美乃滋（參考 P26），再蓋上第二片麵包。

3. 擺上番茄，稍微加一點美乃滋，再蓋上第三片麵包。

4. 擺上烤雞肉，稍微加一點番茄醬，接著放上萵苣，再蓋上第四片麵包後夾起來。

5. 用蠟紙包起來，靜置 10 分鐘左右後取出，進行分切。因為整體很容易崩塌，所以請用串上醃漬蔬果的三明治籤固定。

德式熱狗堡

P74

材料（分量依喜好而定）
推薦的麵包：
　摻入罌粟籽的熱狗堡麵包
法蘭克福香腸
德國酸菜
　（44頁。市售商品也可以）
醃泡紫高麗菜
　（45頁。市售商品也可以）
無鹽奶油（常溫狀態）
黃芥末醬
義大利香芹（大致切碎）

組合方式
1. 在平底鍋中放水，加熱法蘭克福香腸後將水倒掉。加入少量沙拉油（分量外）後開火，將香腸煎至出現焦色。
2. 將麵包對半切得稍微深一點，稍微烤一下後，在內側塗上薄薄的一層無鹽奶油。
3. 夾入德國酸菜和香腸，接著放上醃泡紫高麗菜，再加上黃芥末醬，最後撒上義大利香芹。

庫克先生三明治

P75

材料（分量依喜好而定）
推薦的麵包：龐多米麵包
白醬（市售商品也可以）
烤火腿
格魯耶爾起司
普羅旺斯香草
黑胡椒

組合方式
1. 在一片麵包上塗上白醬，接著擺上火腿、起司，然後蓋上另一片麵包。
2. 在最上層塗上白醬，接著擺上起司，再撒上普羅旺斯香草和黑胡椒。
3. 放入烤箱，烤到起司融化、麵包烤出焦色。最後可依喜好添加生菜沙拉作為裝飾。

Memo

如果在庫克先生三明治上添加荷包蛋就成為庫克太太三明治。無論是哪一種，都是法國咖啡廳裡的經典款品項。

西班牙歐姆蛋
開放式三明治

P76

材料（分量依喜好而定）
推薦的麵包：全麥吐司
剩餘的西班牙歐姆蛋
　（前一天做好的也可以）
油漬番茄（44頁）
黃芥末鮮奶油（容易製作的分量）
┌ 鮮奶油…30ml
│ 美乃滋…2大匙
│ 顆粒芥末醬…1小匙
│ 蒜頭（磨泥）…少許
└ 鹽
羅勒葉
乾燥奧勒岡葉
黑胡椒

準備
將鮮奶油打發到像是美乃滋那樣的硬度，加
入美乃滋、顆粒芥末醬、蒜頭，接著用鹽調
味，製作成黃芥末鮮奶油。

參考／西班牙歐姆蛋

材料（容易製作的分量）
馬鈴薯…1個
洋蔥…1/2個
培根…50g
雞蛋…4個
牛奶或是鮮奶油
　…100ml
橄欖油
鹽、胡椒

製作法
1. 將馬鈴薯、洋蔥、培根切成
方便食用的大小。
2. 在平底鍋中倒入橄欖油，用
中火翻炒1。
3. 將雞蛋打入調理碗中，加入
牛奶或是鮮奶油，充分攪拌調
合，再用鹽巴和胡椒調味。
4. 用強火加熱2的平底鍋，
倒入3後轉弱火，再蓋上鍋蓋，
慢慢烘烤約15分鐘左右。

組合方式
1. 將麵包配合西班牙歐姆蛋的形狀分切
後，稍微烤一下。
2. 依序擺上黃芥末鮮奶油、西班牙歐姆
蛋，再放上油漬番茄妝點。接著擺上羅勒葉
之後，淋上一些油漬番茄的醃漬液，最後撒
上乾燥奧勒岡葉和黑胡椒。

番茄與起司帕尼尼

P77

材料（分量依喜好而定）
推薦的麵包：巧巴達
生火腿
羅馬綿羊起司（起司片也可以）
完熟番茄
艾斯佩雷辣椒粉
羅勒葉

準備
將番茄切成薄片後，用廚房紙巾吸收水氣。

Memo

巧巴達（ciabatta）在義大利文中
就是拖鞋的意思。名稱源自它平坦
的外形，是製作有口感的帕尼尼三
明治時不可或缺的麵包。加點鹽或
橄欖油再享用的話也非常好吃。

組合方式
1. 將巧巴達從側面對半切開，夾入生火
腿、起司、番茄，然後用帕尼尼三明治機烘
烤到起司融化。如果是使用平底鍋烘烤的場
合，可用鍋鏟等器具稍微施加壓力，將兩面
都適度烘烤。
2. 進行分切，先撒上艾斯佩雷辣椒粉，再
擺上羅勒葉作為裝飾。

丹麥開放式三明治

P78

材料（分量依喜好而定）

推薦的麵包：黑麥麵包

煙燻鮭魚

蒔蘿

酸奶油（44 頁。市售商品也可以）

鹽漬鮭魚卵

無鹽奶油（常溫狀態）

裝飾用蒔蘿

準備

將蒔蘿切碎後，放入酸奶油中攪拌調合。

組合方式

1. 在黑麥麵包上塗上薄薄的一層無鹽奶油。

2. 擺上煙燻鮭魚，接著用兩支湯匙將摻進蒔蘿的酸奶油做出球狀後放上去。最後再加上一些鹽漬鮭魚卵，再擺上裝飾用的蒔蘿。

油漬沙丁魚開放式三明治

P79

材料（分量依喜好而定）

推薦的麵包：綜合堅果種子麵包

油漬沙丁魚

簡易版莎莎醬（容易製作的分量）

┌ 洋蔥…1/8 個

│ 番茄…1/2 個

│ 青椒…1 個

│ 甜椒…1/2 個

│　　┌ 蒜頭（磨泥）…少許

│　 A │ 卡宴辣椒粉…少許

│　　│ 檸檬汁或是萊姆汁…1 大匙

└　　└ 鹽、黑胡椒…少許

格拉娜·帕達諾起司或是帕馬森起司

無鹽奶油（常溫狀態）

準備

1. 將蔬菜類切成細碎小塊，然後放入混合後的 A 浸漬 1 小時左右，製作莎莎醬。

2. 將起司刨絲，接著放在鋪了烘焙紙的平底鍋內，以弱火加熱，直到起司融解、烘烤到酥脆的狀態，製作出起司瓦片。

組合方式

1. 在麵包上塗上薄薄的一層無鹽奶油，將油漬沙丁魚的水分瀝乾後再放上去。

2. 將莎莎醬的水分瀝乾後擺上去，最後放上起司瓦片作為裝飾。

漢堡

P80

材料（分量依喜好而定）

推薦的麵包：漢堡用麵包

漢堡肉

莫札瑞拉起司、德式莫札瑞拉起司等

　可融化類型的起司

番茄

紫洋蔥

萵苣

辣根醬料（容易製作的分量）

- 辣根…1½ 大匙
- 醃黃瓜（切碎）…2 小條的量
- 洋蔥（切碎）…1 小匙

番茄醬

黑胡椒

準備

將漢堡肉煎好，快要完成時撒上刨出的起司，煎到起司融解。接著將番茄和紫洋蔥切成薄片，萵苣撕開，再放到廚房紙巾上吸收水氣。最後混合辣根醬料的所有材料。

組合方式

1. 將麵包對半切開，稍微烤一下。放上適量的辣根醬料，再鋪上萵苣。

2. 擺上漢堡肉，然後放上番茄和紫洋蔥的切片後，再淋上一些辣根醬料。接著加上番茄醬和醃黃瓜切片（分量外），最後撒上黑胡椒。

班尼迪克蛋

P81

材料（分量依喜好而定）

推薦的麵包：英式瑪芬

雞蛋

醋

培根

荷蘭醬（容易製作的分量）

- 奶油…60g
- 蛋黃…2 個
- 水…1 大匙
- 白酒…1 大匙
- 檸檬汁…1 大匙
- 法式芥末醬…1 小匙
- 鹽…少許

黑胡椒

準備

1. 製作水波蛋。在小鍋子中將水煮沸，加入 2 大匙的醋，接著用長筷在鍋中繞圈，攪出漩渦。將雞蛋各自打入容器中，接著放入漩渦的中心。轉弱火，煮 2～3 分鐘後用篩網撈起，放到廚房紙巾上吸收水氣。

2. 將培根煎至酥脆後，放到廚房紙巾上吸收多餘的油脂。

3. 製作荷蘭醬。將奶油放入微波爐使其融化，製作出無水奶油。在調理碗中混合蛋黃、水、白酒後進行隔水加熱，然後打發到帶有黏稠感的狀態。接著一點一點加入無水奶油，再用檸檬汁、法式芥末醬、鹽調味。

組合方式

1. 將英式瑪芬對半切開後，進行烘烤。

2. 擺上培根和水波蛋，淋上荷蘭醬後再撒上粗磨黑胡椒。最後可依喜好添加生菜沙拉等作為裝飾。

越南法國麵包

P82

材料（分量依喜好而定）
推薦的麵包：軟法麵包
肝醬
煙燻牛肉
越南醃菜（容易製作的分量）
  ┌ 蘿蔔…10cm
  │ 紅蘿蔔…1/2 根
  │ 鹽…1/2 小匙
  │ 魚露…1 大匙
  │ 紅辣椒（切段）…少許
  │ 米醋…2 大匙
  └ 黍砂糖…2 小匙
法式芥末醬
芫荽

準備
製作越南醃菜。蘿蔔和紅蘿蔔切絲，撒上鹽等到變軟後，擠去水分。接著用魚露、紅辣椒、米醋、黍砂糖調味，靜置半天。

組合方式
1. 將熱狗麵包從側面切出開口，內側的一面塗上肝醬，另一面塗上法式芥末醬。
2. 將盡可能瀝乾水分的煙燻牛肉和越南醃菜夾進去，最後用芫荽作為裝飾。

烤鯖魚三明治

P83

材料（分量依喜好而定）
推薦的麵包：細長棍麵包
鹽烤鯖魚（剩下來的也可以）
洋蔥
法式芥末醬
美乃滋
檸檬
義大利香芹

準備
鹽烤鯖魚待餘熱散去後，切成方便一口食用的大小。洋蔥切成圓環狀後，稍微用水洗一下以去除辛辣味，然後盡可能瀝乾水分。

組合方式
1. 將麵包對半切得深一點但不要切斷。
2. 在內側塗上法式芥末醬，先夾進洋蔥，再將鹽烤鯖魚連同美乃滋一起夾進去。
3. 撒上刨屑的檸檬皮和切碎的義大利香芹，然後擠一點檸檬汁滴上去。

辣豆醬三明治

P84

材料（分量依喜好而定）

推薦的麵包：皮塔餅

辣豆醬（前一天做好的也可以）

萵苣

甜椒（紅黃兩色）

巴西利

橄欖油

準備

將萵苣和甜椒細切，巴西利切碎。

組合方式

展開皮塔餅的口袋，塞進萵苣後再填入辣豆醬。甜椒和巴西利用橄欖油拌過後再放上去，最後用撕得比較大片的萵苣作為妝點。

參考／辣豆醬

材料（容易製作的分量）

綜合絞肉…200g

紅腰豆…1 罐（約 400g）

紅蘿蔔…1/2 根

洋蔥…1 個

蒜頭…1 片

橄欖油…1 大匙

紅辣椒…少許

紅酒…100ml

法式清湯顆粒粉…6g

水煮番茄…1 罐（約 400g）

月桂葉…2 片

卡宴辣椒粉…少許

葛拉姆馬薩拉…1 小匙

孜然粉…2 小匙

肉桂粉…1 小匙

辣椒粉…少許

鹽、黑胡椒

製作法

1. 將紅蘿蔔、洋蔥、蒜頭切碎（也可以使用食物攪拌機打碎）。

2. 在鍋中倒入橄欖油，用中火翻炒蒜頭和紅辣椒，接著加入紅蘿蔔和洋蔥繼續翻炒。

3. 放入絞肉，翻炒到顏色改變，然後倒入紅酒、法式清湯顆粒粉、水煮番茄繼續燉煮。

4. 放入月桂葉和瀝乾水分的紅腰豆，蓋上鍋蓋但略微留下空隙，以中火燉煮 15 分鐘左右。

5. 加入辛香料，最後用鹽和黑胡椒調味。

叉燒肉三明治

P85

材料（分量依喜好而定）
推薦的麵包：核桃麵包
剩下的叉燒肉（市售品也可以）
長蔥（大致切碎）
辣油
芽蔥
法式芥末醬
溜醬油
美乃滋

組合方式
1. 將麵包從側面對半切開，在其中一面塗上法式芥末醬和摻入溜醬油調味過的美乃滋。
2. 擺上切成薄片的叉燒肉，放上拌入辣油的長蔥，最後用芽蔥作為裝飾。

參考／廣東風叉燒肉

材料（1 條的量）
豬肩胛肉塊…700～800g
醬汁 A
┌ 濃口醬油…85ml
│ 砂糖…70g
│ 柱侯醬…20g
│ 玫瑰露酒…1 大匙
│ 雞蛋…1 個
└ 洋蔥（大致切碎）…1/4 個的量
醬汁 B
┌ 水飴…60～70g
│ 米醋…1 小匙
└ 水…1 大匙

製作法
1. 將豬肩胛肉塊分切成三等分，接著像是搓揉那樣、將充分攪拌調合的醬汁 A 抹上豬肉，過程中要適時翻動，讓整塊肉都能浸到醬汁，接著在常溫狀態下靜置 2 個小時。
2. 在烤盤上鋪上烘焙紙後，再放上一張烤網，將豬肉放上去。接著以預熱 200℃的烤箱烘烤 25 分鐘左右。
3. 將充分攪拌調合的醬汁 B 隔水加熱。將醬汁 B 塗在 2 的豬肉上（也可以使用刷子來刷醬），再繼續用預熱 200℃的烤箱烘烤 3～4 分鐘左右。
4. 將剩餘的醬汁 B 塗在 3 的豬肉上，然後移到另一張烤網上，讓多餘的醬汁自然滴落，待冷卻後就可進行分切。

厚煎蛋三明治

P86

材料（容易製作的分量）

推薦的麵包：吐司（8 片切）…2 片

厚煎蛋

- 雞蛋…4 個
- 牛奶…50ml
- 薄口醬油…1 小匙
- 黍砂糖…1 小匙
- 太白芝麻油

無鹽奶油（常溫狀態）

和風黃芥末

紫蘇

準備

準備厚煎蛋。將雞蛋打入調理碗中，接著加入牛奶、薄口醬油、黍砂糖後充分攪拌調合。以強火加熱日式煎蛋器，再用浸泡過太白胡麻油的廚房紙巾擦拭一下盤面。將一份蛋液倒入、使其遍布盤面，煎到半熟後，往一個方向捲起。接著再次倒入蛋液，半熟後，將剛才捲起凝固的煎蛋往半熟這邊捲起。然後持續重複前述步驟，直到用完四份蛋液（使用較強的中火，然後改變煎蛋器跟火源的距離來調節火力，就不容易失敗）。將變軟的無鹽奶油和與和風黃芥末混合，製作出和風黃芥末奶油。

組合方式

1. 在兩片麵包各自的其中一面塗上和風黃芥末奶油。

2. 擺上厚煎蛋，蓋上另一片麵包夾起來。用雙手輕壓，使其更加緊實。

3. 稍微靜置後進行分切，最後擺上紫蘇作為裝飾。

照燒雞肉三明治

P87

材料（分量依喜好而定）

推薦的麵包：豆類麵包

照燒雞肉（前一天做好的也可以）

紅葉萵苣

蘑菇

柚子胡椒美乃滋

 ┌ 美乃滋…2 大匙

 └ 柚子胡椒…1/2 小匙

醃漬蔬菜（蕪菁、花椰菜、

  迷你紅蘿蔔等等）

準備

將麵包烤好。將紅葉萵苣的水氣擦乾，蘑菇切成薄片。把柚子胡椒美乃滋的材料充分攪拌調合。

組合方式

1. 在兩片麵包各自的其中一面塗上薄薄的一層柚子胡椒美乃滋。在其中一片上擺上撕成一口大小的紅葉萵苣。

2. 放上一些柚子胡椒美乃滋，擺上照燒雞肉，然後再放上一些柚子胡椒美乃滋。接著擺上蘑菇後，蓋上另一片麵包夾起來。

3. 以雙手輕壓，再用蠟紙或烘焙紙包起來，靜置 10 分鐘左右，拆開後進行分切（也可以在包著的狀態下分切），最後添加醃漬蔬菜作為裝飾。

參考／照燒雞肉

材料（容易製作的分量）

雞腿肉　1 片

 ┌ 薑汁…1 小匙

 │ 濃口醬油…1 大匙

A │ 黍砂糖…1 小匙

 │ 胡麻油…1 小匙

 └ 日本酒…1 大匙

製作法

1. 用叉子之類的器具在雞腿肉帶皮的那一面的多處戳出孔洞，讓肉更容易入味。將攪拌調合的 A 塗在雞腿肉上，靜置 30 分鐘左右。

2. 烘烤前再進行一次搓揉，接著放到烤網上，待多餘的醬汁滴落後，移到烤爐烘烤 20 分鐘（上火 15 分鐘、翻面 5 分鐘）。

繽紛維生素蔬菜絲三明治

P92

材料（分量依喜好而定）

推薦的麵包：吐司（8 片切）

高麗菜

紅蘿蔔

小黃瓜

紫高麗菜

番茄

巴西利

美乃滋

法式芥末醬

準備

將高麗菜、紅蘿蔔、紫高麗菜各自切絲，然後稍微泡一下水後取出，盡可能瀝乾水分。小黃瓜用刨削器縱向削出片狀，番茄切成薄片，巴西利切碎，接著各自用廚房紙巾吸收水氣。

組合方式

1. 在麵包的其中一面塗上薄薄的一層美乃滋和法式芥末醬，一邊評估色彩組合、一邊將蔬菜堆疊起來（範例照片順序為巴西利、番茄、紫高麗菜、小黃瓜、紅蘿蔔、高麗菜）。這個步驟要在蔬菜之間加上一點美乃滋再繼續堆疊，讓蔬菜之間黏合緊密。

2. 蓋上另一片麵包，用雙手輕壓，接著用保鮮膜包起來，放入冰箱冷藏，靜置 20 分鐘左右，之後取出進行分切。

南瓜沙拉三明治

P93

材料（分量依喜好而定）

推薦的麵包：酒種白麵包

南瓜

鹽、黑胡椒

頂級冷壓初榨橄欖油

綜合果乾

義大利香芹（切碎）

無鹽奶油（常溫狀態）

酸奶油

美乃滋

微型小番茄（小番茄也可以）

準備

將南瓜的種子和棉狀纖維去除，連皮切成適當的大小，然後用少量的水蒸煮。待南瓜變軟後，瀝乾水分再搗碎。在還溫熱的狀態下以鹽巴、黑胡椒、橄欖油調味。接著加入綜合果乾和義大利香芹，稍微攪拌調合，製作成南瓜沙拉。

組合方式

1. 將麵包對半切開，稍微烤一下。待餘熱散去後，塗上薄薄的一層無鹽奶油。

2. 擺上南瓜沙拉，接著加上把酸奶油和美乃滋 1：1 調合的醬料。最後添加微型小番茄作為裝飾。

Memo

南瓜溫和的甜味和果乾的酸甜滋味，最後融入鹽味製作出健康的沙拉。和酒種麵包的風味相當契合。

甜菜、花椰菜與糖漬橙皮沙拉三明治

P94

材料（分量依喜好而定）
推薦的麵包：甜菜布里歐
　（一般的布里歐也可以）
甜菜
花椰菜
酸奶油
美乃滋
鹽、白胡椒
糖漬橙皮
　（45頁）
茅屋起司

> **Memo**
>
> 我的朋友麵包烘焙師佐川久子女士特別為我烤了布里歐。輕盈淡雅的甜味和甜菜沙拉相當契合！這款色彩也很美麗的淑女三明治，請和散發出莓果香氣的香檳一同享用吧。

準備

1. 在鍋子內放入充足的水，加入少量的醋，然後放進甜菜，以中火燉煮。沸騰之後轉為弱火，再繼續煮50分鐘左右。就這樣連同鍋子擺著放涼之後，剝除甜菜的皮，再切成1cm左右的小塊（也可以使用水煮或罐裝的市售品）。

2. 將花椰菜切成小塊，用鹽水煮到仍帶有咬勁的程度後，撈起放涼。

3. 將酸奶油和美乃滋以1：1的比例混合，再用鹽和白胡椒調味，最後將1和2混合。

組合方式

將布里歐切成厚度約1cm的薄片，擺上甜菜與花椰菜的沙拉，最後用糖漬橙皮和茅屋起司點綴後，蓋上另一片麵包夾起來。

罐裝鯖魚與蔬菜佐香料鮮奶油三明治

P95

材料（容易製作的分量）
推薦的麵包：摻進孜然籽的
　法國短棍麵包（小）…1條
水煮鯖魚罐…50g
香料鮮奶油（容易製作的分量）
┌ 鮮奶油…30ml
│ 美乃滋…2大匙
│ 乾燥蒔蘿…少許
│ 孜然籽…少許
└ 鹽、黑胡椒…少許
雞蛋…1個
甜椒（橙、黃色）…各1/2個
咖哩奶油（41頁）…適量

準備

將鮮奶油打到5分發的程度，加入美乃滋、乾燥蒔蘿、孜然籽，再用鹽和黑胡椒調味。接著瀝乾水煮鯖魚罐的水分，混合切塊的甜椒，再加入一半的鮮奶油攪拌調合。最後製作水煮蛋，切成小塊。

組合方式

1. 將麵包對半切得深一點但不要切斷，展開切口處，在內側塗上咖哩奶油。

2. 填入鮮奶油拌鯖魚，擺上水煮蛋，最後用剩餘的鮮奶油進行點綴。

> **參考／水煮蛋的製作方法**
>
> 放入煮沸的水中，以中火煮7分鐘後關火，繼續用餘熱煮2分鐘。接著放入冷水中急速降溫，蛋殼就會比較好剝除。

綠花椰菜
拌芝麻豆腐三明治

P96

材料（分量依喜好而定）

推薦的麵包：

　掺進黑胡椒的迷你法國麵包

綠花椰菜

拌料（容易製作的分量）

┌ 絹豆腐⋯1/2 塊

│ 黍砂糖⋯1 小匙

│ 薄口醬油⋯1 小匙

│ 鹽⋯1 小撮

└ 白芝麻⋯2 大匙

美乃滋⋯1 大匙

和風黃芥末⋯1/2 小匙

番茄

細葉芝麻菜

準備

將綠花椰菜切成小塊，用鹽水煮到仍帶有咬勁的程度後，撈起放涼。番茄切小塊。將盡可能瀝乾水分的豆腐和拌料的材料混合，再拌入綠花椰菜攪拌。最後將美乃滋與和風黃芥末攪拌調合。

組合方式

1. 將麵包從側面對半切開，在內側塗上黃芥末美乃滋。

2. 擺上綠花椰菜拌芝麻豆腐，接著放上番茄塊和細葉芝麻菜點綴，最後撒上白芝麻（分量外）。

柚子胡椒美乃滋
拌鮮蝦三明治

P97

材料（分量依喜好而定）

推薦的麵包：米粉圓麵包

柚子胡椒美乃滋拌鮮蝦

　（容易製作的分量）

┌ 蝦仁⋯150g

│ 美乃滋⋯1 大匙

└ 柚子胡椒⋯1/2 小匙

芝麻菜

飛魚卵

小番茄

準備

用流動的水把蝦仁沖洗乾淨，泡入鹽水 2 ～ 3 分鐘後，再放進加鹽的熱水中煮 1 分鐘左右，然後放到篩網上放涼。接著混合美乃滋和柚子胡椒，最後加入完全放涼的蝦仁攪拌調合。

組合方式

將麵包從側面對半切開，鋪上芝麻菜後，擺上柚子胡椒美乃滋拌蝦仁，接著放上飛魚卵進行點綴。最後添加小番茄作為裝飾。

Memo

雖然拌豆腐和三明治好像是很罕見的組合，但是滑順的口感卻意外地合拍。和風黃芥末也強化了味覺重點！

螃蟹沙拉開放式三明治

P98

材料（分量依喜好而定）
推薦的麵包：英式吐司（6 片切）
螃蟹沙拉（容易製作的分量）
　┌ 剝散的松葉蟹肉…50g
　│ 紫洋蔥（切碎）…1 大匙
　│ 美乃滋…1 大匙
　│ 檸檬汁…少許
　└ 鹽、白胡椒…少許
高麗菜
醃泡紫高麗菜（45 頁。市售品也可以）
美乃滋
蒔蘿

準備
盡可能擰出蟹肉的水分。將紫洋蔥切碎，稍微泡一下水後盡可能瀝乾水分，再和蟹肉混合，接著加入美乃滋、檸檬汁，再用鹽和白胡椒調味。高麗菜切絲後泡一下水，也盡可能瀝乾水分。最後將麵包烤好。

組合方式
待麵包的餘熱散去後，塗上薄薄的一層美乃滋，接著依序擺上高麗菜、醃泡紫高麗菜、螃蟹沙拉，最後放上蒔蘿作為裝飾。

蘑菇與帕馬森起司
開放式三明治

P99

材料（分量依喜好而定）
推薦的麵包：鄉村麵包
蒜頭
橄欖油
蘑菇
帕馬森地方起司
義大利香芹
蒔蘿
巴西利油
黑胡椒
粉紅胡椒

準備
蒜頭切開，用切口處去摩擦麵包，接著淋上橄欖油後，再放進烤箱烤到酥脆，接著取出靜置，待餘熱散去。最後將義大利香芹和蒔蘿切碎。

組合方式
1. 將麵包放在盤子上，接著用刨削器在上頭削出蘑菇薄片，再撒上義大利香芹和蒔蘿。
2. 在上頭削下帕馬森地方起司，再淋上巴西利油，最後撒上黑胡椒和粉紅胡椒。

蒸雞肉與芹菜沙拉三明治

P100

材料（分量依喜好而定）

推薦的麵包：鄉村麵包

蒸雞肉與芹菜沙拉（容易製作的分量）

┌ 雞胸肉…1 片
│ 白酒…50ml
│ 水…50ml
│ 鹽…1/2 小匙
│ 芹菜…1/2 根
│ 美乃滋…2 大匙
│ 鹽、白胡椒…少許
│ 頂級冷壓初榨橄欖油…1 大匙
└ 核桃（無鹽）…少許

戈爾貢佐拉起司（Dolce，溫和型）

芹菜葉

石榴果粒

準備

在雞肉上灑鹽，用白酒和水進行酒蒸調理，待餘熱散去後，用手剝散。完全冷卻之後，混合細切的芹菜，再加入美乃滋、鹽、白胡椒、橄欖油進行調味。接著將核桃翻炒後，大致壓碎再放入。最後將麵包稍微烤一下。

組合方式

1. 麵包待餘熱散去後，在兩片麵包的其中一面塗上戈爾貢佐拉起司。

2. 一片擺上蒸雞肉與芹菜沙拉，接著放上細切的芹菜和石榴果粒，然後蓋上另一片麵包夾起來。

油菜花與醃漬紅蘿蔔絲佐鮪魚美乃滋三明治

P101

材料（分量依喜好而定）

推薦的麵包：熱狗麵包

美乃滋拌鮪魚（容易製作的分量）

┌ 水煮鮪魚罐…70g
│ 洋蔥（切碎）…1 大匙
│ 美乃滋…1 大匙
└ 鹽、白胡椒…少許

油菜花

醃漬紅蘿蔔絲（45 頁）

粉紅胡椒

準備

盡可能瀝乾鮪魚罐的水分。將洋蔥切碎，稍微泡一下水後取出，盡可能瀝乾水分，和鮪魚混合，再用美乃滋、鹽、白胡椒調味。油菜花稍微用鹽水煮一下，然後泡入冷水，之後擰去水分再切成適當的長度。

組合方式

1. 將麵包對半切得深一點但不要切斷，展開切口處，填入美乃滋拌鮪魚和醃漬紅蘿蔔絲。

2. 擺上油菜花，最後用手指捏碎粉紅胡椒後灑上。

Memo

也可以使用綠花椰菜、甜脆豆、蘆筍來代替油菜花。也請嘗試看看不用煮的蘿蔔苗、西洋菜、水菜。

草莓鮮奶油三明治

P108

材料（分量依喜好而定）
推薦的麵包：竹炭普爾曼麵包
　　（一般的吐司也可以）
草莓
優格鮮奶油（容易製作的分量）
┌ 水切優格（44 頁）…200g
│ 鮮奶油…100ml
│ 糖粉…2½ 大匙
│ 櫻桃白蘭地…少量
└ 煉乳…2 大匙

準備
在鮮奶油中加入糖粉、櫻桃白蘭地，打發到
比較凝固的狀態。摻入水切優格，再用煉乳
調節甜味。草莓用水清洗後，擦乾水氣，切
掉蒂頭。

組合方式
1. 在一片麵包的中央放上大量的鮮奶油，
但是在四邊留下約 2cm 的空隙。
2. 為了在分切時展現草莓漂亮的斷面，仔
細地擺上草莓，然後蓋上另一片麵包，用保
鮮膜包起來。
3. 放入冰箱冷凍，靜置約 20 ～ 30 分
鐘後取出，拆開保鮮膜，進行分切。

Memo

這裡使用的竹炭普爾曼麵包，是我
的朋友麵包烘焙師佐川久子女士特
別為本書的攝影所製作的。竹炭的
墨色成了草莓鮮奶油的鑲邊，完成
了美麗的三明治。她也教了我暫時
把水果三明治放進冷凍庫靜置這個
方法。除了草莓之外，也希望大家
能挑戰用各種季節水果來製作。

南瓜鮮奶油與
瑞可塔鮮奶油三明治

P109

材料（容易製作的分量）
推薦的麵包：帕諾佐…2 個
南瓜鮮奶油
┌ 南瓜…1/4 個
│ 黍砂糖…1 大匙
└ 鮮奶油…40ml
瑞可塔鮮奶油
┌ 瑞可塔起司…70g
└ 鮮奶油…50ml
綜合種子（有摻入南瓜子、枸杞等的品項）
糖粉

準備
1. 將南瓜的皮、種子和棉狀纖維去除，切
成適當的大小，然後用少量的水加入黍砂糖
一起蒸煮後，放到篩網上過篩，接著加入鮮
奶油混合。待冷卻後，再填入裝有擠花口的
擠花袋內，放進冰箱冷藏靜置。
2. 將瑞可塔起司加入鮮奶油中攪拌調合，
再填入裝有擠花口的擠花袋內，放進冰箱冷
藏靜置。

組合方式
1. 在麵包上斜切出四道切口，切得稍微深
一點，展開切口處，交替擠入南瓜鮮奶油和
瑞可塔鮮奶油。
2. 撒上綜合種子後，再撒上糖粉。

Memo

帕諾佐是用披薩麵團製作的麵包，
Q 彈的口感是它的韻味所在。一般
大多是夾進沙拉、生火腿、起司
等，但是和稍微健康點的甜點三明
治也很搭。

奇異果與百香果優格
鮮奶油三明治

P110

材料（容易製作的分量）

推薦的麵包：

　　掺入核桃的布里歐…1 個

百香果…1 個

奇異果…1 個

水切優格（44 頁）…100ml

煉乳…2 大匙

甘露蜜（橡樹、冷杉、櫸樹等的樹液蜜。

　　也可以使用風味濃郁的蜂蜜）…適量

薄荷葉

準備

將布里歐的上部稍微挖掉一些。將奇異果剝皮，切成約 1cm 的小塊。將水切優格和煉乳混合，再將奇異果拌入。

組合方式

1. 將優格拌奇異果填入布里歐，包上保鮮膜後放進冰箱冷藏，靜置 30 分鐘左右。

2. 用湯匙搗碎半個百香果後放上去，淋上甘露蜜或是蜂蜜，最後添加另外半個百香果和薄荷葉作為裝飾。

Memo

優格和奇異果的清爽，再加上香氣撲鼻的百香果以及風味濃郁的樹液蜜。是一款宛如高檔熱帶水果點心般的三明治。

栗子三重奏與
馬斯卡彭起司三明治

P111

材料（容易製作的分量）

推薦的麵包：牛奶麵包…2 個

糖漬栗子…約 70g

栗子奶油…約 2 大匙

栗子澀皮煮…適量

馬斯卡彭起司…適量

食用金箔（如果有的話）

準備

將糖漬栗子搗碎，接著拌入栗子奶油中，讓奶油均勻地遍布整體。

組合方式

將麵包從側面對半切開，內側塗上厚厚的一層馬斯卡彭起司，接著放上栗子奶油拌糖漬栗子。栗子澀皮煮掰成一半後再放上去，最後可依喜好撒上食用金箔來點綴。

香蕉與起司巴烏魯熱壓三明治

P112

材料（分量依喜好而定）
推薦的麵包：吐司（8片切）
香蕉
起司片
無鹽奶油（常溫狀態）
楓糖漿（蜂蜜也可以）
糖粉

準備
將香蕉切成5mm厚的圓片。

組合方式
1. 將麵包夾起狀態時的外側兩面塗上無鹽奶油。
2. 將香蕉平鋪在其中一片的內側，接著放上起司片後，再蓋上另一片麵包夾起來。
3. 將麵包放在熱壓三明治烤盤上，調整好位置，不要超出烤盤，然後用直火烘烤兩面。
4. 飄出香氣時就完成了。取出後分切成容易進食的大小，再淋上楓糖漿，最後撒上糖粉。

Memo
香蕉可以換成草莓或芒果、楓糖漿可以改用巧克力醬或煉乳代替！

紅豆奶油貝果三明治

P113

材料（容易製作的分量）
推薦的麵包：全麥貝果

紅豆沙…100g
水飴…1大匙
發酵奶油…適量
岩鹽（如果有的話）

Memo
除了發酵奶油之外，無論是用刀子切下冷卻狀態的有鹽奶油再擺上，或是放上特別製作的軟牛油都會很美味。

準備
在紅豆沙中加入水飴，以弱火燉煮。出現滑順感和光澤後就關火，靜置冷卻。

組合方式
1. 將貝果從側面對半切開，適量地塗上紅豆沙。
2. 用奶油捲製器挖出發酵奶油擺上，再依喜好撒上少許岩鹽。

參考／軟牛油

將有鹽奶油恢復至常溫，放入調理碗中確實攪拌，直到變成近似蠟狀。在另一個調理碗中放入鮮奶油（乳脂肪45％），打發到能拉出尖角的程度。將奶油和鮮奶油以1：1的比例分兩次攪拌調合（冷藏可保存3日）。

肉桂焦糖蘋果
鮮奶油三明治

P114

材料（容易製作的分量）

推薦的麵包：可頌麵包

蘋果（紅玉）…2 個

細砂糖…70g

無鹽奶油…20g

鮮奶油（乳脂肪 45%）…50ml

糖粉…1 大匙

白蘭地…少許

肉桂粉…少許

準備

1. 將蘋果洗乾淨，去除皮和果核（保留，用來製作蘋果汁），再切成約 1cm 的小塊。

2. 在平底鍋中均勻撒入細砂糖後開強火，一邊搖晃平底鍋、一邊將細砂糖加熱到出現焦糖色。

3. 將無鹽奶油放入 2 中融化，接著放入蘋果，讓焦糖醬均勻地裹上，完成後靜置放涼。

4. 將糖粉和白蘭地加入鮮奶油中，再填入裝有擠花口的擠花袋內。

組合方式

1. 將可頌麵包從側面對半切開，擠上鮮奶油。

2. 擺上焦糖蘋果，再淋上一點焦糖醬之後夾起來。最後撒上肉桂粉和糖粉（分量外）。

參考／用皮和核製作蘋果汁

在鍋子內放入 600ml 的水，然後放進 2 個蘋果量的皮和果核，以較弱的中火燉煮。過程中加入細砂糖 2½ 大匙，煮到沸騰時轉弱火，再繼續煮 20 分鐘左右。接著用篩網過濾，最後加入 1 大匙的檸檬汁（冷藏可保存 1～2 日）。

Memo

秋冬可用蘋果或洋梨、夏天可用桃子。改用香蕉或百香果來製作也會很好吃喔！

Postscript

/ 以此替代後記 /

將每天早上愉悅地完成的三明治
放上 Instagram 的時候，
從追蹤的朋友那裡得到
「請出一本只收錄三明治的書吧！」
這樣的回饋，因此成為契機，
才讓製作這本書的計畫得以誕生。
經過一番絞盡腦汁之後，雖然總共收錄了 64 種品項，
但是即便是在撰寫後記的現在，
我的腦海依然湧現出無窮無盡的點子。
我認為三明治真的是非常自由、
能夠一直享受箇中樂趣的存在。

充分理解我的想法，予以重現的
總監田村敦子女士、
將三明治帶進藝術領域的
攝影師三木麻奈女士、
提供各式各樣創意的
設計師若井裕美女士、
無微不至地照顧、協助我的
助理佐藤あや子女士與新井由香女士。
這真的是一個清新又愉悅的攝影現場，非常感謝各位！

還有曾經關照過我的每一位人士，
以及將這本書拿起來翻閱的各位朋友，
我想在此致上自己由衷的感謝之意。

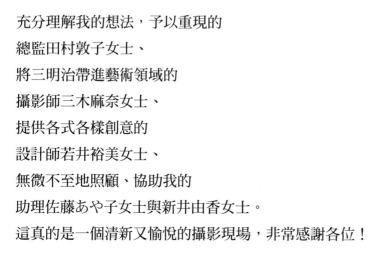

Follow me on

Instagram

https://www.instagram.com/shindoyumiko/

PROFILE

進藤由美子

餐飲規劃師（Food Coordinator）、餐桌規劃師（Table Coordinator），經歷料理攝影棚的事業營運後，於2002年主持料理教室「Cooking Studio Y」。長年研究海內外的飲食相關知識與情報，並且將研究成果活用在每月課程中發表的季節創作料理之中。其洋溢成年人玩心、自由發想的餐桌規劃也受到好評，連同為日常餐桌增添嶄新色彩的提示與創意，提供讓大眾笑逐顏開的豐富飲食空間與時光。

Special Thanks to

佐川久子（Baking School Grano Di Ciaco／P94、108）
大工佳子（蔦屋漆器店／P62～63、89）

TITLE

明天也來份三明治吧！

STAFF		ORIGINAL JAPANESE EDITION STAFF	
出版	瑞昇文化事業股份有限公司	撮影	三木麻奈
作者	進藤由美子	ブックデザイン	若井裕美
譯者	徐承義	イラストレーション	進藤一茂
		調理アシスタント	佐藤あや子　新井由香
總編輯	郭湘齡	プロデュース・編集	田村敦子（VivStudio & Co.）
文字編輯	張聿雯　徐承義		
美術編輯	許菩真		
排版	曾兆珩		
製版	印研科技有限公司		
印刷	龍岡數位文化股份有限公司		

法律顧問	立勤國際法律事務所　黃沛聲律師
戶名	瑞昇文化事業股份有限公司
劃撥帳號	19598343
地址	新北市中和區景平路464巷2弄1-4號
電話	(02)2945-3191
傳真	(02)2945-3190
網址	www.rising-books.com.tw
Mail	deepblue@rising-books.com.tw

初版日期	2023年2月
定價	380元

國家圖書館出版品預行編目資料

明天也來份三明治吧! / 進藤由美子作；
徐承義譯. -- 初版. -- 新北市：瑞昇文化
事業股份有限公司, 2023.02
　　144面；　18.2x24公分. -- (Cooking
studio Y cookbook)
　譯自：明日もサンドイッチ
　ISBN 978-986-401-608-2(平裝)
　1.CST: 速食食譜

427.14　　　　　　　　　　111021077